아픈 강아지를 위한 증상별 요리책

AIKEN NO TAME NO SHOUJOU · MOKUTEKI BETSU
SHOKUJI HYAKKA

Original Japanese edition published by KODANSHA LTD.

Korean publishing rights arranged with KODANSHA LTD. through BC Agency

아픈 강아지를 위한 증상별 요리책

피부병, 장염, 외이염, 구내염, 비만을 고치는 애견 치료식

스사키 야스히코 지음 | 박재영 옮김

보누스

수제 음식에 대한 기초 지식

POINT 1 영양소 BEST 5를 섭취시킬 수 있다!

반려견의 몸을 건강하게 유지하려면 필요한 영양소를 골고루 섭취시켜야 합니다. 하지만 아파하거나 이상한 증상을 보일 때 어떤 영양소를 챙겨줘야 하는지 궁금하다면 6~7쪽의 '증상·목적별 필수영양소 BEST 5'를 참고해보세요. 건강을 유지하고 증상을 개선하는 데 효과적인 필수영양소를 알려드립니다. 2장 '질병 퇴치 레시피'에서는 영양소의 효능을 확인할 수 있습니다.

POINT 2 영양 성분을 어렵게 따질 필요가 없다!

소화 흡수 능력은 개마다 다릅니다. 먹은 음식이 전부 소화 흡수되는 것도 아닙니다. 똑같은 음식을 먹어도 살찌는 개가 있는가 하면 그렇지 않은 개도 있습니다. 곡류 : 육류·생선 : 채소 = 1 : 1 : 1을 기준으로 시작해봅시다. 영양 균형을 맞출 수 있습니다.

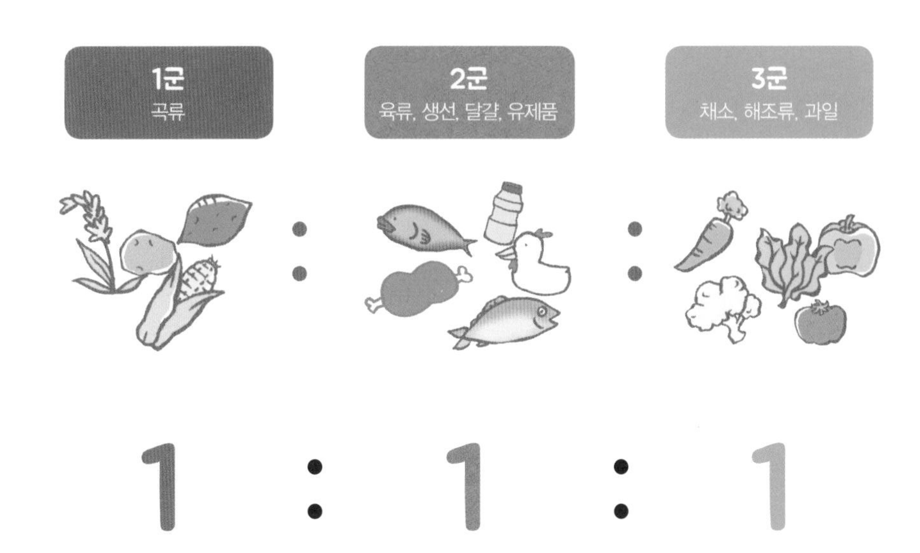

증상·목적별 필수영양소 BEST 5

건강을 유지하는 데 필요한 영양소

	BEST 1	BEST 2	BEST 3	BEST 4	BEST 5
유견	단백질	칼슘	비타민D	비타민E	비타민C
모견	비타민E	미네랄	단백질	칼슘	DHA, EPA
성견	당질	지질	단백질	비타민C	미네랄
노견	비타민C	베타글루칸	단백질	비타민E	DHA, EPA
운동량이 많은 개	아미노산	비타민B6	비타민C	비타민E	비타민A

증상을 개선하는 데 필요한 영양소

	BEST 1	BEST 2	BEST 3	BEST 4	BEST 5
구내염, 치주 질환	비타민A	비타민B1	비타민U	비타민B2	나이아신
세균, 바이러스, 진균증	비타민A	비타민C	DHA, EPA	비타민B2	비타민E
배설 불량	사포닌	타우린	안토시아닌	비타민C	비타민E
아토피 피부염	글루타티온	DHA, EPA	타우린	비타민B6	비오틴
암, 종양	엽산	미네랄	DHA, EPA	비타민B6	비타민B12
방광염, 요로결석	비타민A	DHA, EPA	비타민C	비타민E	비타민B2
소화기 질환, 장염	비타민A	비타민U	식이섬유	비타민B12	아연
간 질환	비타민B1	비타민B2	비타민B12	비타민C	비타민E
신장병	DHA, EPA	아스타잔틴	비타민C	비타민A	식물성 단백질
비만	비타민B1	비타민B2	라이신, 메티오닌	식이섬유	리놀레산
관절염	단백질	콘드로이틴	글루코사민	칼슘	비타민C
당뇨병	셀레늄	아연	비타민B1	비타민C	비타민A
심장병	DHA, EPA	비타민E	비타민Q	비타민C	식이섬유
백내장	비타민C	비타민E	아스타잔틴	DHA	비타민A
외이염	비타민C	비타민A	EPA	레시틴	알파 리놀렌산
벼룩, 진드기, 외부기생충	사포닌	비오틴	비타민A	이눌린	황

필요한 영양소는
챙겨주고 노폐물은
배출시키자!

튼튼한 몸과 똑똑한 뇌를 만드는 수제 음식

병원체에 감염되어도 이겨낼 수 있는 몸과
똑똑한 뇌는 수제 음식으로 만든다!

반려견을 튼튼하고 똑똑하게 기르고 싶다면 반드시 확인합시다

반려견의 몸을 튼튼하게 만드는 비결은 근력을 유지시키며 점막의 세균이나 바이러스 등에 대한 저항력, 면역력 등을 강화시키는 것입니다.

근력을 유지시키려면 단백질이 풍부한 음식을, 병원체의 침입 경로인 점막을 보호하려면 비타민A(베타카로틴)를 섭취시켜야 합니다. 개는 필요에 따라 녹황색 채소에 함유된 베타카로틴을 비타민A로 바꿉니다. 병원체에 감염되면 그 병원체를 제거하려고 활성산소를 만들어내기도 합니다. 간혹 활성산소를 지나치게 많이 만들 때가 있는데 그럴 때는 비타민C와 비타민E의 항산화 작용이 문제를 해결할 수 있습니다. 버섯도 꼭 먹여야 하는 식품입니다. 면역력 향상을 돕는 효과로 주목받고 있는 베타글루칸이 풍부하기 때문이지요. 혈액순환에 좋은 EPA와 비타민도 잊지 마세요.

그 밖에도 뇌를 건강하게 유지시키려면 평소 식사에 DHA와 단백질, 당질, 비타민B1, 나이아신 등이 풍부한 식재료를 넣어줘야 합니다.

병을 이겨내는 몸을 만드는 영양소 Best 5

❶ 단백질

튼튼한 몸을 만들어주고 저항력을 강화한다.

|함유 식품| 닭고기, 달걀, 소고기, 돼지고기, 정어리, 전갱이, 대구, 참치, 연어, 두유, 두부, 콩, 유제품

❷ 비타민A

점막을 강화해 병원체의 침입과 감염증을 예방한다.

|함유 식품| 닭 간, 달걀노른자, 장어, 김, 쑥갓, 당근, 호박, 시금치, 소송채, 멜로키아(모로헤이야)

❸ 비타민C

면역 기능을 돕고 세균이나 바이러스, 감염증을 예방하며, 항스트레스 작용도 한다.

|함유 식품| 브로콜리, 콜리플라워, 피망, 토마토, 호박, 시금치, 과일

❹ 비타민E

혈액순환을 촉진하고 활성산소를 제거해 노화를 방지한다.

|함유 식품| 정어리, 식물성 기름, 호박, 참깨, 아몬드, 아보카도

❺ 베타글루칸

면역력을 강화하고 항암 작용을 한다.

|함유 식품| 표고버섯, 만가닥버섯(백만송이버섯), 잎새버섯, 팽이버섯

똑똑한 뇌를 만드는 영양소 Best 5

❶ DHA, EPA

뇌세포를 활성화하고 정신안정 효과가 있다.

|함유 식품| 전갱이, 고등어, 장어, 참치, 방어, 꽁치 등 등푸른생선

❷ 단백질

뇌 기능을 향상한다.

|함유 식품| 닭고기, 달걀, 소고기, 돼지고기, 정어리, 전갱이, 대구, 참치, 연어, 두유, 두부, 콩, 유제품

❸ 당질

뇌와 신경의 기능을 정상적으로 유지한다.

|함유 식품| 백미, 현미, 율무, 우동, 메밀국수, 밀, 고구마, 과일

❹ 비타민B1

당질대사를 돕는다.

|함유 식품| 돼지고기, 닭 간, 연어, 정어리, 현미, 콩, 낫토, 두부, 꼬투리 강낭콩, 시금치

❺ 나이아신

뇌의 신경전달물질을 생성하고 뇌신경 기능을 돕는다.

|함유 식품| 닭 간, 돼지고기, 닭고기, 전갱이, 가다랑어, 현미, 땅콩, 유제품, 녹황색 채소

수제 음식에는 살아 있는 영양이 듬뿍 들어 있다

반려견용 음식은 따로 없다!

사료는 인스턴트식품

인스턴트식품은 편리합니다. 인스턴트식품인 사료에 절대 반대하지는 않지만 '개한테 사료 외의 음식을 먹이면 병에 걸린다'는 의견에는 찬성할 수 없습니다. 개는 적응 능력이 있어서 인스턴트든 수제 음식이든 모두 먹을 수 있기 때문입니다. 수제 음식을 먹이고 있는 많은 사람들이 증명한 명명백백한 사실이지요.

신선한 식재료는 영양소의 보물창고

야생에서는 사냥감이 동면하는 겨울이 되면 나무 열매도 먹을 수 있는 개체가 육류만 먹는 개체보다 생존에 유리합니다. 개는 원래 잡식 경향이 있는 육식동물로, 육식동물이라고 해서 채소를 먹으면 무조건 병에 걸리는 것은 아닙니다. 뭐든지 넘치거나 부족하면 문제가 되기 마련이지요. 가공식품은 가공 정도가 높아질수록 영양소가 파괴되고, 채소나 과일 등의 식재료는 성분을 잘 모르고 먹였다가는 알레르기에 걸리거나 탈이 나는 등 여러 문제가 생길 수 있습니다. 따라서 가공식품과 신선한 식재료를 골고루 활용한 식단을 짜야 합니다.

사료에 들어 있는 성분은 음식으로 간단하게 섭취할 수 있습니다!

사료 포장지에 표기된 원재료를 확인하면 생소한 성분이 빽빽이 나열되어 있습니다. 언뜻 보기에는 어렵지만, 방부제나 첨가물을 제외한 나머지 성분은 주위에서 쉽게 찾을 수 있는 음식으로 바꿀 수 있습니다. 게다가 음식으로 섭취하면 한 번에 영양소를 골고루 섭취할 수 있습니다!

사료 포장지에 표기된 성분		대체 식품
예1		
구리 아미노산 킬레이트 구리단백질 나이아신 비오틴 비타민A 아세테이트(비타민A 아세트산) 비타민A 아세트산염 비타민B12	비타민B12 보충제 염화콜린 탄산코발트 판토텐산 판토텐산 칼슘	소 간
예2		
고초균 발효물 메나디온 아황산수소나트륨 (활성형 비타민K 공급원) 쌀 누룩균 발효물 유산구균 발효물 유카 진액	유카 추출물 장구균 발효물 조회분 흑누룩균 발효물	낫토
예3		
산화아연 아연 아미노산 킬레이트 엽산 황산아연		소송채
예4		
망간 아미노산 킬레이트 망간단백질 산화망간 황산망간		김

1회 식사량의 기준은 머리 크기에 따라 다릅니다

수제 음식과 관련해서 반려인이 가장 궁금해하는 점은 바로 식사량의 기준입니다.

한 번에 주는 양과 하루 식사 횟수는?

개마다 차이가 있으므로 먹여보고 상태를 관찰해서 조절하는 게 좋습니다. 그래도 기준을 제시하자면 '머리의 가장 굵은 부분의 크기'를 기준으로 삼는 방법이 있습니다. 만약 살이 쪘다면 양을 줄이거나 또는 양을 유지하되 채소의 비율을 늘려보세요. 반대로 야위는 듯하면 양을 늘리거나 양은 똑같이 하되 밥이나 고기의 비율만 늘리면 됩니다.

1회 식사량은 개의 머리 크기를 기준으로 합니다.

생애주기별 환산표 (성견 유지기를 1이라 할 때)

생애주기	환산율	식사 횟수	소형견	중형, 대형, 초대형견
이유식기	2	4	생후 6~8주	생후 6~8주
성장기 전기	2	4	생후 2~3개월	생후 2~3개월
성장기	1.5	3	생후 3~6개월	생후 3~9개월
성장기 후기	1.2	2	생후 6~12개월	생후 9~24개월
성견 유지기	**1**	1~2	생후 1~7년	생후 2~5년
고령기	0.8	1~2	생후 7년 이후	생후 5년 이후

체중별 환산표(10kg을 10이라 할 때)

체중(kg)	환산율	체중(kg)	환산율	체중(kg)	환산율
1	0.18	31	2.34	61	3.88
2	0.30	32	2.39	62	3.93
3	0.41	33	2.45	63	3.98
4	0.50	34	2.50	64	4.02
5	0.59	35	2.56	65	4.07
6	0.68	36	2.61	66	4.12
7	0.77	37	2.67	67	4.16
8	0.85	38	2.72	68	4.21
9	0.92	39	2.77	69	4.26
10	**1.00**	40	2.83	70	4.30
11	1.07	41	2.88	71	4.35
12	1.15	42	2.93	72	4.39
13	1.22	43	2.99	73	4.44
14	1.29	44	3.04	74	4.49
15	1.36	45	3.09	75	4.53
16	1.42	46	3.14	76	4.58
17	1.49	47	3.19	77	4.62
18	1.55	48	3.24	78	4.67
19	1.62	49	3.29	79	4.71
20	1.68	50	3.34	80	4.76
21	1.74	51	3.39	81	4.80
22	1.81	52	3.44	82	4.85
23	1.87	53	3.49	83	4.89
24	1.93	54	3.54	84	4.93
25	1.99	55	3.59	85	4.98
26	2.05	56	3.64	86	5.02
27	2.11	57	3.69	87	5.07
28	2.16	58	3.74	88	5.11
29	2.22	59	3.79	89	5.15
30	2.28	60	3.83	90	5.20

* 10kg 성견의 하루 식사량 : 400g

생후 4개월(성장기), 체중 8kg인 강아지라면?

생애주기별 환산율은 1.5이고, 체중별 환산율은 0.85입니다.
기준이 되는 체중 10kg의 성견이 하루에 먹어야 하는 식사량은 400g이므로, **400g×1.5×0.85=510g**이 됩니다.
생애주기별 환산율과 체중별 환산율을 곱하기만 하면 각 재료의 양도 계산할 수 있습니다.
예를 들어 성견이 먹는 죽의 양이 100g이라고 하면 **100g×1.5×0.85=127.5g**입니다. 이 환산표를 기준으로 필요한 재료량을 계산해보세요.

수제 음식으로 바꿀 때는 절대 서둘지 마세요

먼저 장이 건강한지 확인합시다.

장이 예민한 개는 서서히 바꿔주세요. 갑작스러운 변화에 당황할 수 있으니까요.

우리가 아침에는 일식, 점심에는 중식, 저녁에는 양식을 먹어도 아무렇지 않듯이, 대부분의 개도 길들여졌던 식생활에서 수제 음식으로 갑자기 바뀌어도 큰 문제없이 순순히 받아들입니다. 하지만 어떤 병원체에 감염되었거나 그 외의 이유로 장이 예민해진 개는 장의 상태가 불안정할 수 있습니다. 일과성 설사는 '장 청소'로 생각할 수 있지만 걱정된다면 서서히 바꿔주세요.

수제 음식에 길들이기

일수	기존 식사량 : 수제 음식 분량
1~2일차	9 : 1
3~4일차	8 : 2
5~6일차	7 : 3
7~8일차	6 : 4
9~10일차	5 : 5
11~12일차	4 : 6
13~14일차	3 : 7
15~16일차	2 : 8
17~18일차	1 : 9
19~20일차	0 : 10

배탈이 나면 약보다 칡을 먹이자!

반려견이 설사를 했다면 당황하지 말고 칡을 먹여주세요. 칡은 장내 환경을 정비하고 싶을 때 활용하면 좋은 식재료입니다. 칡의 끈적끈적한 성분이 장의 내벽을 부드럽게 보호하기 때문이죠. 그 밖에도 혈액순환을 촉진하고 간과 신장의 기능 및 면역력을 향상시키며 자율신경을 안정시키는 효과도 있습니다. 칡을 대량으로 생산하기 어려운 탓에 값이 비싸기는 하지만 그만큼의 가치가 있습니다. '배탈이 나면 약보다 칡!'이라고 기억해두세요.

칡가루로 만드는 차와 떡

| 재료 | 칡가루 1큰술(차) 또는 3큰술(떡), 육수 180~240ml

| 만드는 방법 |

1. 냄비에 칡가루와 물을 넣고 덩어리가 생기지 않도록 갠다.
2. 육수를 넣고 잘 섞은 뒤 끓인다. 투명해지고 걸쭉해질 때까지 나무주걱으로 계속 저으며 끓인다.
3. 잘 식혀서 그릇에 담으면 완성!

손쉽게 만드는 영양죽

| 재료 | 채소, 육류, 생선, 해조류, 버섯

| 만드는 방법 |

1. 냄비에 재료를 넣고 재료가 잠길 정도로 물을 붓는다. 그런 다음 뚜껑을 덮고 약한 불로 30~40분 끓인다.
2. 면포에 끓인 국물을 걸러낸 뒤 식힌다.

* 한 번에 많이 만들어서 냉동실에 보관해두면 편리합니다.

차 례

PART 1

건강한 몸을 만드는 식사

수제 음식을 먹이고 있는 사람들이 검증한 기준입니다

수제 음식의 기본

영양 균형이 무너질까 봐 걱정하지 않아도 됩니다.
'3군＋α＋수분'을 기억하세요.

영양 균형은 3군+α+수분으로 맞춘다!

수제 음식은 분말을 굳혀서 만든 사료와 달리 일정한 상태를 유지하기 쉽지 않습니다. 그래서 과학적인 자료를 만들기 어렵지요. 경험에 비추어 예측하는 방법밖에 없습니다. 나름 AAFCO(미국사료관리협회) 등에서 발표한 동물사료에 관한 기준에 따라 조리법도 개발하고 식재료 사용량을 정확하게 맞추더라도 잘 만들고 있는 건지 걱정될 때가 있습니다. 제대로 하고 있는 건지, 우리 개가 내가 만든 음식을 먹고 건강해질 수 있는 건지, 별별 생각이 다 들지요. 이럴 때는 '3군+α+수분'만 지키면 된다고 생각하세요.

반려견 건강의 비결은 꾸준히 먹이는 것!

"대충 만들었는데도 우리 개가 건강해졌습니다!"라고 말하는 분들이 많습니다. 그렇습니다. 수제 음식에 정답이나 엄격한 성분표는 없습니다. '꾸준히 먹일 수 있느냐'가 제일 중요합니다. 기준에 딱 맞게 계산하지 않아도 꾸준히 잘 먹이면 건강해질 수 있습니다.

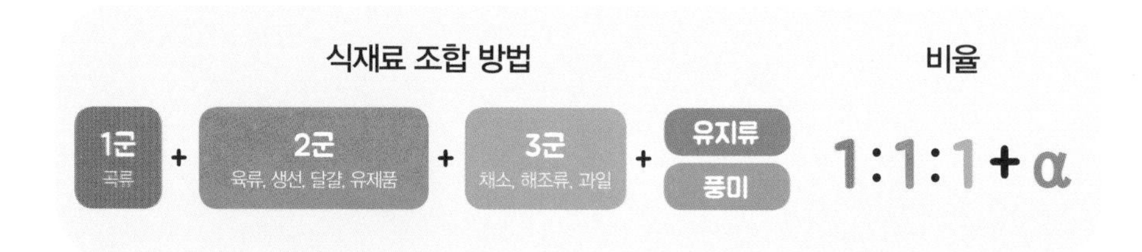

수제 음식 = 3군 + α + 수분

1군 : 곡류

반려견 건강의 원천이자 필수적인 에너지원이다!

|함유 식품| 백미, 현미, 우동, 메밀국수, 잡곡, 파스타, 감자류 등

2군 : 육류, 생선, 달걀, 유제품

튼튼한 체격 형성에 필요한 동물성 단백질

|함유 식품| 닭고기, 소고기, 돼지고기, 간, 등푸른생선, 달걀, 치즈, 조개류 등

3군 : 채소, 해조류, 과일

체내 균형을 조절해서 몸 상태를 개선한다!

|함유 식품| 녹황색 채소, 양배추, 버섯, 콩류, 해조류 등

α : 유지류

풍미를 더해 식욕을 돋운다!

|함유 식품| 닭 껍질 기름, 식물성 기름 등

α : 풍미

수제 음식의 기본은 냄새가 좋은 국

|함유 식품| 말린 멸치, 잔새우, 가다랑어 가루 등

충분한 수분

채소죽으로 생활습관병을 물리칠 수 있습니다

건강 보조 만능 레시피

많은 반려인이 이미 효과를 검증한 레시피들입니다. 레시피대로 하나씩 만들다 보면 수제 음식, 어렵지 않습니다. 자, 시작해볼까요?

만들기 쉽다! 간편하게 먹이자!

날마다 꾸준히 먹일 수 있는 영양만점 채소죽

생활습관병 퇴치 영양소 Best 5

❶ 식이섬유

장속의 유해물질을 배출하고 암을 예방하며 비만을 방지한다.

|함유 식품| 우엉, 브로콜리, 고구마, 팥, 톳, 미역, 현미, 꼬투리 강낭콩, 아몬드

❷ DHA, EPA

혈전 용해를 도와서 혈액을 맑게 하고 중성지방을 줄인다.

|함유 식품| 전갱이, 고등어, 장어, 참치, 방어, 연어, 꽁치 등 등푸른생선

❸ 미네랄

몸의 대사를 돕는다.

|함유 식품| 톳, 미역, 다시마, 현미, 두부, 뱅어포, 콩

❹ 항산화물질

비타민A, 비타민C, 비타민E와 이소플라본, 폴리페놀 등은 활성산소를 제거한다.

|함유 식품| 연어, 콩, 땅콩, 표고버섯, 만가닥버섯(백만송이버섯), 양배추, 마늘, 녹황색 채소

❺ 사포닌

노폐물을 배출하고 콜레스테롤의 흡수를 억제하며 자연치유력을 향상시킨다.

|함유 식품| 콩, 두부, 팥, 비지, 된장, 검은콩, 아스파라거스

 체력을 길러 건강한 몸을 만든다

연어와 녹황색 채소를 넣은 죽

재료

연어
DHA, EPA를 함유한 단백질원이다.

현미밥
미네랄이 풍부한 에너지원이다.

당근
대표적인 녹황색 채소로 베타카로틴의 보물창고라 불린다.

소송채
쓴맛이 약해서 사용하기 좋은 녹황색 채소다. 베타카로틴과 비타민C가 풍부해서 면역력을 높이는 데 좋다.

우엉
식이섬유가 풍부해서 장 청소에 효과적이다.

두부
사포닌으로 자연치유력을 향상시킨다.

표고버섯
베타글루칸이 면역력을 높인다.

참기름
에너지원.

만드는 방법

1. 연어, 당근, 소송채, 우엉, 두부, 표고버섯을 먹기 좋은 크기로 썬다.
2. 냄비에 참기름을 두르고 연어와 우엉, 당근을 함께 볶는다.
3. 2에 두부, 표고버섯, 소송채, 현미밥을 넣고, 건더기가 잠길 정도로 물을 부어서 모든 재료가 부드러워질 때까지 푹 끓인다. 30도 정도로 식힌 후 그릇에 담는다.

조리 POINT

기름에 한 번 볶아서 끓이면 지용성, 수용성 비타민을 효과적으로 섭취시킬 수 있다. 미역이나 표고버섯은 가루로 만들어놓으면 사용하기 편하다. 면역력을 높이는 비타민군이 함유된 채소, 미네랄이 풍부한 해조류, 양질의 단백질, 당질(밥)을 잘 조합하자! 늘 똑같은 재료보다는 제철 채소나 생선으로 다양하게 만드는 것이 좋다.

1군 : 곡류 2군 : 육류, 생선, 달걀, 유제품 3군 : 채소, 해조류, 과일
α : 유지류 α : 풍미

체격이 형성되고 음식의 기호가 결정되는 중요한 시기입니다!

유견 (생후 3주~약 1년)

튼튼한 몸을 만들려면 칼슘과 단백질뿐만 아니라 다양한 영양소가 필요합니다. 편식을 하지 않도록 여러 가지 음식을 골고루 먹이세요.

건강관리법

아기가 이유식을 먹고 튼튼하게 자라듯이 강아지도 반려인이 직접 정성 들여 만든 음식을 먹으면 건강하게 자랍니다. '영양 균형이 무너지지 않을까?' 걱정하는 분도 계실 텐데, 날마다 죽과 양배추만 먹이는 극단적인 식단만 아니라면 괜찮습니다. 또 이 시기는 좋아하는 음식과 싫어하는 음식을 구분하기 시작하는 때로 음식을 가리지 않고 뭐든지 잘 먹을 수 있도록 다양한 식재료를 맛보게 하세요. 개도 편식하지 않아야 튼튼합니다!

식사 기준

모유를 먹을 때는 다른 음식을 먹일 필요가 없습니다. 모견이 먹는 음식에 관심을 가지기 시작하면 이유식을 주면 됩니다. 젖을 뗄 시기에는 한 번에 많이 먹지 못하기 때문에 양을 적게 여러 번 나눠주세요. 밥을 달라고 할 때마다 조금씩 주면 됩니다. 살이 찌는 듯하면 포만감을 느낄 수 있도록 이유식의 채소 비율을 늘려주세요.

유견을 위한 영양소 Best 5

❶ 단백질

근육과 장기, 혈액 등을 구성한다.

|함유 식품| 달걀, 소 넓적다리살, 닭고기(가슴살), 대구, 정어리, 가다랑어

❷ 칼슘

뼈와 치아를 튼튼하게 한다.

|함유 식품| 뱅어포, 벚꽃새우, 콩, 해조류, 요구르트

❸ 비타민D

칼슘과 인의 흡수를 촉진하고 뼈를 튼튼하게 만든다.

|함유 식품| 정어리, 고등어, 말린 표고버섯, 만가닥버섯(백만송이버섯), 달걀노른자, 닭 간, 뱅어포

❹ 비타민E

감염증에 대한 저항력을 높인다!

|함유 식품| 호두, 식물성 기름, 콩, 호박, 가다랑어, 쑥갓

❺ 비타민C

감염증에 대한 저항력을 높인다!

|함유 식품| 무, 브로콜리, 콜리플라워, 호박, 소송채, 고구마, 당근, 파프리카, 토마토

소화 흡수가 잘되도록 채소를 갈아 넣는 것이 중요하다!

소고기 호박 국밥

재료

소 넓적다리살
뼈와 근육, 혈액 등을 만드는 주성분인 단백질이 들어 있고 성장을 촉진하는 비타민B2도 풍부하다.

밥
소화가 잘되도록 부드럽게 지은 밥을 사용한다.

호박
비타민C와 비타민E가 풍부하다. 단맛이 있어서 많은 개가 좋아한다.

양배추
위 점막을 보호하는 비타민U, 비타민C가 풍부하다.

브로콜리
다른 채소보다 비타민C가 풍부하다. 피부와 뼈의 건강을 유지하는 데 효과적이다.

당근
베타카로틴과 비타민C가 면역력을 높이고 감염증을 예방한다.

올리브유
비타민E 공급원.

뱅어포
칼슘 흡수를 돕는 비타민D와 칼슘을 함유한다. 육수 맛을 더한다.

만드는 방법

1. 채소는 푸드 프로세서로 갈아놓고, 소 넓적다리살은 먹기 좋은 크기로 썰어놓는다.
2. 프라이팬에 소고기를 볶다가 핏기가 없어지면 1의 채소와 밥, 뱅어포를 넣는다. 재료가 잠길 정도로 물을 붓고 끓인다.
3. 30도 정도로 식힌 후에 올리브유 1작은술을 넣는다.

1

2

3

조리 POINT

마지막에 식물성 기름을 넣어서 비타민E를 보충하자. 지방이 적은 붉은 살코기 부위로 뼈와 근육을 만드는 단백질을 섭취시킨다. 음식에 길들여지면 채소를 갈지 말고 다져서 사용해도 된다.

1군 : 곡류 2군 : 육류, 생선, 달걀, 유제품 3군 : 채소, 해조류, 과일 α : 유지류 α : 풍미

정어리 완자탕

재료

정어리
칼슘과 비타민D가 풍부해서 성장기에 섭취시키면 좋다.

밀기울
밀단백질이 풍부한 에너지원이다.

표고버섯
비타민D가 풍부하고, 칼슘 흡수를 도와서 뼈를 튼튼하게 만든다.

무
생으로 갈아 넣어서 비타민C를 섭취시킨다. 위에 좋고 소화가 잘된다.

소송채
비타민C와 칼슘이 풍부하다. 베타카로틴은 정장 작용을 돕는다.

당근
베타카로틴과 비타민C가 면역력을 높이고 감염증을 예방한다.

미역
미역귀를 사용하면 쫄깃한 식감을 즐길 수 있다.

참기름
비타민E 공급원.

말린 멸치
칼슘과 비타민D가 풍부하다. 칼슘을 효과적으로 섭취할 수 있다.

만드는 방법

1. 정어리는 두꺼운 뼈를 제거하고 푸드 프로세서를 이용해서 갈아 으깬 뒤, 한입 크기로 둥글게 빚는다. 채소는 먹기 좋은 크기로 썬다.
2. 냄비에 물 한 컵과 말린 멸치를 넣고 끓여서 육수를 낸다. 채소를 넣고 다시 끓이다가 1에서 빚은 정어리와 밀기울가루를 넣고 충분히 익힌다.
3. 30도 정도로 식힌 후 참기름과 다진 미역을 넣는다.

조리 POINT

멸치 육수로 칼슘을 섭취시킨다. 표고버섯은 햇볕에 말리면 비타민D의 함유량이 높아질 뿐만 아니라 칼슘을 효과적으로 흡수시킬 수 있다.

1군 : 곡류　2군 : 육류, 생선, 달걀, 유제품　3군 : 채소, 해조류, 과일　α : 유지류　α : 풍미

기초 체력을 기르고 감염증을 퇴치하자

채소 소스를 뿌린 치킨 햄버그스테이크

재료

닭가슴살
필수 아미노산의 균형이 좋으며 비타민A 효과로 면역력이 높아진다.

달걀
영양 균형이 잘 잡혀 있고 체력 증진에 매우 좋다.

빵가루
비타민B1과 비타민B2를 함유한 에너지원이다.

콩
식물성 단백질원이며 밭에서 나는 고기라고 불린다. 감염증을 예방하는 비타민E도 풍부하다.

혼합 채소(옥수수, 완두콩, 당근)
에너지원이 되는 옥수수, 배설을 돕는 사포닌이 함유된 완두콩, 베타카로틴이 풍부한 당근으로 노폐물을 배출하고 감염증을 예방한다.

파프리카
베타카로틴과 비타민C가 풍부하다. 비타민P도 들어 있어서 가열에 따른 비타민C의 손실이 적다.

칡가루
소화가 잘되는 에너지원이며 위 상태를 좋게 유지시킨다.

만드는 방법

1. 닭가슴살과 물에 불린 콩은 푸드 프로세서로 갈아놓고, 파프리카는 잘게 다진다.
2. 1에서 갈아놓은 콩과 닭가슴살, 빵가루 2큰술, 달걀 1개를 볼에 넣고 잘 섞어 치댄다. 먹기 좋은 크기로 햄버그 반죽을 만든 뒤 프라이팬에 올리고 양면을 노릇노릇하게 굽는다.
3. 채소와 파프리카를 냄비에 넣고 재료가 잠길 정도로 물을 부어 팔팔 끓인다. 물에 갠 칡가루를 넣어 걸쭉해지면 햄버그 위에 붓는다.

조리 POINT

아미노산이 풍부하고 영양 균형이 잘 잡힌 달걀과 고단백 저지방인 닭가슴살은 뼈와 근육을 튼튼하게 만드는 데 좋다.

1군 : 곡류 2군 : 육류, 생선, 달걀, 유제품 3군 : 채소, 해조류, 과일 α : 유지류 α : 풍미

연어 옥수수크림 수프

재료

연어
DHA가 풍부한 단백질원이며 소화 흡수가 잘된다.

달걀
단백질원으로 비타민D도 풍부하다. 반숙은 소화가 잘된다.

요구르트
유제품은 흡수율이 좋은 칼슘 공급원이다.

쌀밥
에너지원. 먹다 남은 밥을 이용해도 좋다.

옥수수크림
에너지원. 옥수수 알을 갈아서 사용해도 된다.

토마토
비타민C를 섭취시키려면 날로 먹이는 것이 효과적이다. 신맛이 단백질 소화를 돕는다.

브로콜리
비타민C가 피부와 뼈를 건강하게 유지한다.

만가닥버섯(백만송이버섯)
비타민D와 감칠맛을 내는 글루탐산이 들어 있다.

올리브유
비타민E 공급원.

만드는 방법

1. 연어와 채소는 먹기 좋은 크기로 썰고, 만가닥버섯과 반숙 달걀은 잘게 다진다.
2. 프라이팬에 올리브유 1작은술을 두른 뒤, 1의 연어를 넣고 표면의 색이 변할 때까지 굽는다. 그다음에 재료가 잠길 정도로 물을 붓고 옥수수크림 반 컵, 요구르트 1큰술, 1의 만가닥버섯, 쌀밥을 함께 넣어 끓인다.
3. 2가 완전히 끓기 전에 먹기 좋은 크기로 썬 브로콜리를 넣고 다시 끓인다. 불을 끈 다음 토마토를 넣어서 섞고 달걀을 위에 올린다.

조리 POINT

연어는 DHA가 풍부하고 소화 흡수가 잘되며 뇌신경이 정상적으로 기능하도록 돕는다.

1군 : 곡류 2군 : 육류, 생선, 달걀, 유제품 3군 : 채소, 해조류, 과일 α : 유지류 α : 풍미

육아에 필요한 영양을 충분히 섭취시킵시다

모견 (임신기, 수유기)

새끼를 건강하게 키우려면 모견도 새끼 몫만큼의 영양이 필요합니다. 음식을 골고루 많이 먹이되 살이 너무 찌지 않도록 살펴주세요.

건강관리법

육아에는 평소보다 많은 영양과 에너지가 필요합니다. 임신기와 수유기에 모견의 영양 상태는 새끼가 튼튼하게 자라기 위해서도 매우 중요합니다. 개의 임신 기간은 평균 9주(63일)인데, 임신 6주(42일)까지는 성견의 기본 섭취량을 줘도 문제가 없습니다. 하지만 임신 7주(43일 이후)부터는 성견 섭취량의 1.25~1.5배, 수유기에는 2~3배의 에너지가 필요합니다. 건강만 잘 챙겨줄 수 있다면 모견이 먹고 싶어하는 만큼 줘도 됩니다.

식사 기준

이 시기에는 하루에 몇 번씩 밥을 달라고 합니다. 여러 영양소를 균형 있게 섭취하는 게 중요합니다. 평소에 좋아하는 음식 위주로 주기보다 여러 영양소를 고루 갖춘 식단을 짜보도록 하세요. 하지만 살이 어느 정도 찌는지 체형 변화를 확인해가면서 비만이 되지 않을 정도로 양을 맞춰주기 바랍니다. 출산이 임박하면 일시적으로 식욕이 떨어지기도 하는데 이때는 양을 적게 여러 번 주면 잘 먹습니다.

모견을 위한 영양소 Best 5

❶ 비타민E

스트레스를 줄이는 데 필요하다.

|함유 식품| 호두, 식물성 기름, 콩, 가다랑어, 쑥갓

❷ 미네랄

몸의 대사를 돕는다.

|함유 식품| 뱅어포, 벚꽃새우, 콩, 미역, 다시마 등 해조류

❸ 단백질

태아의 발육에 필요하다.

|함유 식품| 달걀, 소 넓적다리살, 돼지 넓적다리살, 닭고기(다리살, 가슴살), 연어, 전갱이, 정어리, 고등어

❹ 칼슘

태아의 골격을 만든다.

|함유 식품| 뱅어포, 청경채, 콩, 벚꽃새우, 요구르트, 해조류, 소송채

❺ DHA, EPA, 오메가3 지방산

태아의 뇌세포를 발달시킨다.

|함유 식품| 정어리, 꽁치, 전갱이, 방어, 고등어, 호두, 참깨, 아마인유, 들기름, 말린 멸치, 뱅어포

풍부한 단백질과 칼슘으로 건강을 유지시키자

스크램블 에그를 얹은 돼지고기 볶음밥

재료

돼지 넓적다리살
비타민B군이 풍부해서 단백질 대사를 촉진한다.

달걀
필수 아미노산이 풍부해 체력을 증진시킨다.

요구르트
소화 흡수가 잘되고, 정신 안정에도 효과적인 칼슘 공급원이다.

쌀밥
에너지원.

호두
비타민E 공급원.

파프리카
비타민C가 풍부하다. 비타민P도 함유되어 있어서 가열에 따른 비타민C의 손실이 적다.

브로콜리
풍부한 비타민C로 면역 기능을 강화하고 병원체에 대한 저항력을 높인다.

당근
베타카로틴과 비타민C가 면역력을 높이고 감염증을 예방한다.

비지
변비 해소에 좋다.

올리브유
비타민E 공급원.

만드는 방법

1. 호두는 잘게 다지고 파프리카와 브로콜리, 당근, 돼지고기는 먹기 좋은 크기로 썬다.
2. 달걀, 비지, 요구르트를 잘 섞은 뒤 스크램블 에그로 만든다.
3. 냄비에 올리브유를 두르고 1과 쌀밥을 볶는다. 그릇에 담고 2의 스크램블 에그를 위에 올리면 완성.

1

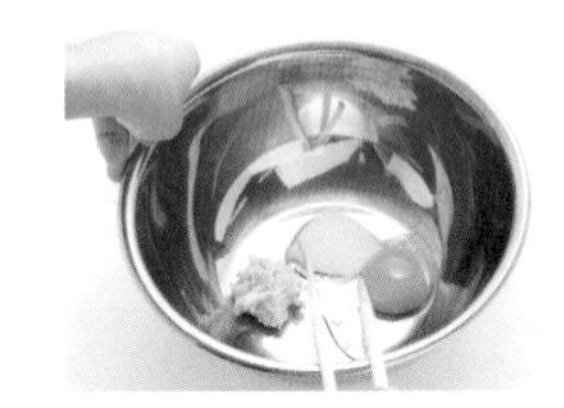

2

3

조리 POINT

영양 균형이 잘 잡힌 달걀과 소화가 잘되는 비지에 칼슘 공급원인 요구르트를 더해서 스크램블 에그를 만든다. 달걀에 함유된 비타민D가 칼슘 흡수를 돕는다.

1군 : 곡류　2군 : 육류, 생선, 달걀, 유제품　3군 : 채소, 해조류, 과일　α : 유지류　α : 풍미

톳과 뱅어포로 칼슘을 보충한다

낫토를 얹은 잡곡밥 오차즈케

재료

전갱이
비타민B2, 비타민D, 칼슘은 새끼의 성장을 촉진한다.

잡곡밥
비타민과 미네랄은 새끼의 체력을 증진시킨다.

톳
부족해지기 쉬운 미네랄을 보충한다.

소송채
뼈를 튼튼하게 하는 비타민K와 칼슘을 함유한다.

참깻가루
비타민E 공급원으로 대사를 향상시켜서 몸의 기능을 강화한다.

낫토
고단백 저칼로리 식품으로 여성 호르몬 분비를 돕는 이소플라본이 풍부하다.

양배추
비타민U는 위 점막을 보호하는 데 좋다.

뱅어포
칼슘과 비타민D가 풍부하다. 육수 맛을 더해서 식욕을 증진시킨다.

만드는 방법

1. 잡곡밥을 부드럽게 짓는다. 양배추를 잘게 썰어서 낫토와 함께 잘 섞는다.
2. 전갱이를 적당히 구워서 살을 발라낸다. 냄비에 뱅어포와 잘게 썬 톳을 넣고 물 한 컵을 부어서 푹 끓인다. 잘게 썬 소송채와 전갱이 살을 더해서 다시 끓인다.
3. 밥을 그릇에 담고 1에서 섞은 낫토, 양배추를 위에 올린 다음 2를 붓는다. 참깻가루도 뿌리면 완성.

조리 POINT

미네랄이 풍부한 잡곡밥에 감칠맛을 내는 전갱이를 넣고, 비타민E 공급원으로 참깻가루를 사용한다.

1군 : 곡류 2군 : 육류, 생선, 달걀, 유제품 3군 : 채소, 해조류, 과일 α : 유지류 α : 풍미

단백질과 DHA가 풍부한 등푸른생선을 먹여서 태아를 튼튼하게!

고등어를 넣은 두부 채소 볶음면

재료

고등어
단백질원. DHA와 비타민D를 함유해 칼슘 흡수를 돕는다.

국수
소화가 잘되며 식욕이 없을 때 먹이면 좋다.

쑥갓
비타민E가 들어 있고 쓴맛이 약해서 먹이기 쉽다.

미역
미네랄 공급원.

두부
콩의 올리고당은 장의 소화 흡수를 돕는다.

당근
베타카로틴과 비타민C가 면역력을 높이고 감염증을 예방한다.

참기름
비타민E 공급원.

벚꽃새우
칼슘 공급원이며 육수 맛을 더해서 식욕을 향상시킨다.

만드는 방법

1. 쑥갓, 미역, 당근은 푸드 프로세서로 잘게 다지고, 고등어는 먹기 좋은 크기로 썬다. 국수는 먹기 좋은 길이로 잘라서 부드럽게 삶아둔다.
2. 냄비에 참기름 1작은술을 두른 뒤 벚꽃새우와 1의 고등어를 넣는다. 양면이 노릇노릇해질 때까지 굽다가 1의 당근, 미역과 으깬 두부를 넣는다.
3. 재료가 다 익으면 국수를 넣고 마지막에 쑥갓을 넣어서 함께 볶는다.

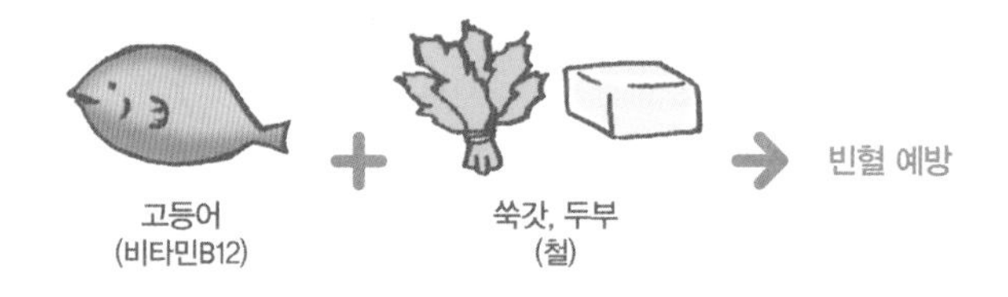

조리 POINT

육수의 풍미와 구운 생선의 냄새로 모견의 식욕을 자극하자. DHA, EPA는 지방에 함유되어 있으므로 볶음 요리로 먹는 걸 추천한다.

1군 : 곡류 2군 : 육류, 생선, 달걀, 유제품 3군 : 채소, 해조류, 과일 α : 유지류 α : 풍미

모견의 탈모를 예방하고 스트레스를 완화한다

닭고기와 현미를 넣은 채소죽

재료

닭 간
양질의 단백질 공급원. 피부 건강을 유지하고 스트레스 완화에 효과적인 영양소를 함유한다.

닭가슴살
단백질은 피부와 점막을 건강하게 유지한다. 콜라겐이 풍부한 닭 껍질도 함께 먹이는 게 좋다.

현미
비타민B군으로 피로를 해소한다.

콩
미네랄 성분을 함유한 단백질원이다.

호박
피부의 건강을 유지할 뿐만 아니라 면역력도 향상시킨다.

당근
베타카로틴이 풍부하다. 단맛이 있어서 많은 개가 좋아한다.

말린 표고버섯
판토텐산이 면역력을 높인다.

청경채
베타카로틴을 함유한다.

올리브유
비타민E가 스트레스를 완화한다.

참깻가루
오메가3 지방산과 함께 비타민E도 섭취시킬 수 있다.

만드는 방법

1. 닭 간, 닭가슴살, 호박, 당근, 청경채는 먹기 좋은 크기로 썰고, 표고버섯은 잘게 다진다.
2. 냄비에 올리브유를 두른 뒤 간과 닭고기를 볶는다. 여기에 현미, 콩, 호박, 당근, 표고버섯을 넣고 재료가 잠길 정도로 물을 부어서 부드러워질 때까지 끓인다.
3. 마지막으로 청경채와 참깻가루를 넣고 30도 정도로 식혀서 그릇에 담으면 완성.

조리 POINT

닭 간에는 탈모 예방에 효과적인 비오틴, 피부의 건강 유지를 돕는 비타민A와 비타민B2, 스트레스 완화 작용이 있는 판토텐산, 비타민E가 함유되어 있다. 재료를 바꾸거나 구워먹는 등 다양한 방법으로 요리해 먹이자.

1군 : 곡류 2군 : 육류, 생선, 달걀, 유제품 3군 : 채소, 해조류, 과일 α : 유지류 α : 풍미

비만과 편식이 없는 개로 키웁시다

성견

이 시기에 개가 좋아하는 것만 주거나 밥을 달라고 조를 때마다 주면 나이가 들어서 건강을 관리하기가 어려워집니다. 골고루 먹이는 게 중요한 시기랍니다.

건강관리법

성견기에는 '건강을 유지시키는 것'이 최우선 과제입니다. 쉽게 병에 걸리는 개는 면역력을 강화시키는 것도 중요하지만, 기초 체력을 길러서 '어떤 병이든 이겨낼 수 있는' 몸을 만들어주는 것이 먼저입니다. '색이 진하고 냄새가 지독한 소변'은 병을 앓고 있는 것이 아니라면 수분이 부족하다는 증거입니다. 수분을 충분히 섭취하도록 살펴주세요. 무엇보다도 '비만'이 되지 않도록 여러 가지 식품을 골고루 먹여주세요.

식사 기준

성견일 때는 밥을 하루에 1~2회씩 주세요. 시간을 정해놓는 편이 좋습니다. 정확한 시간에 식사를 하면 간식을 줄 필요가 없기 때문이죠. 레시피를 응용해 다양한 음식을 만들어보세요. 간식보다 밥 시간을 기다리게 만들 수 있습니다. 간식을 먹던 아이라면 간식을 채소 스틱으로 바꿔보세요. 당근처럼 단맛이 나는 채소라면 좋아할 겁니다.

성견을 위한 영양소 Best 5

❶ 당질

몸의 에너지원이다.

|함유 식품| 백미, 현미, 율무밥, 감자, 고구마

❷ 지질

몸의 에너지원이다.

|함유 식품| 올리브유, 참기름 등 식물성 기름

❸ 단백질

몸에 생기를 불어넣는다.

|함유 식품| 달걀, 소 넓적다리살, 돼지 넓적다리살, 닭고기(가슴살), 대구, 연어, 전갱이, 정어리, 요구르트

❹ 비타민C

몸의 효소 반응을 빠르게 하고 면역력을 높인다.

|함유 식품| 무, 브로콜리, 콜리플라워, 호박, 소송채, 고구마, 피망, 파슬리, 파프리카, 토마토

❺ 미네랄

몸의 효소 반응을 빠르게 하고 면역력을 높인다.

|함유 식품| 뱅어포, 벚꽃새우, 콩, 낫토, 두부, 현미, 해조류, 율무

충분한 비타민 섭취로 털과 피부를 윤기나게!

치킨 토마토 리소토

재료

닭가슴살
비타민A와 비타민B2, 비오틴을 함유한 단백질원이다. 닭 껍질로는 콜라겐을 섭취시킬 수 있다.

현미
배아에 들어 있는 비타민B군과 비타민E, 미네랄로 체력을 증진시킨다. 밥을 부드럽게 지어서 소화 흡수를 돕는다.

콜리플라워
가열해도 잘 손실되지 않는 비타민C로 면역력을 높인다.

파프리카
비타민C와 함께 비타민P도 들어 있어서 가열에 따른 비타민C의 손실이 적다.

토마토
리코펜으로 면역력을 높이고 세포의 노화를 방지한다.

시금치
베타카로틴, 비타민B군, 비타민C와 여러 가지 비타민을 함유한 활력소다.

당근
베타카로틴의 보물창고라고 불리며, 비타민B2를 함유해서 피부를 건강하게 유지한다.

올리브유
비타민E 공급원. 비타민A를 효과적으로 섭취시킨다.

만드는 방법

1. 닭고기, 콜리플라워, 파프리카, 토마토, 시금치, 당근을 먹기 좋은 크기로 썬다.
2. 냄비에 올리브유 1작은술을 두르고 1과 현미밥을 함께 볶는다.
3. 모든 재료가 잠길 정도로 물을 부어서 끓인다.

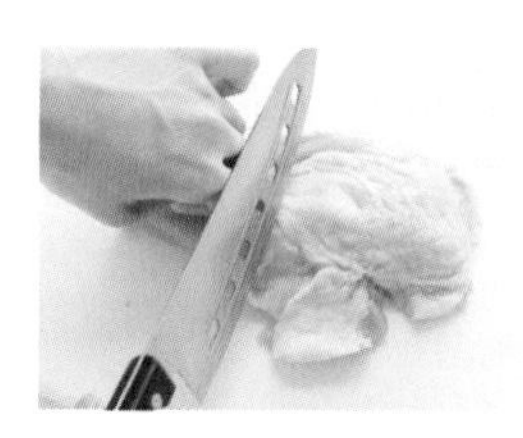

1

2

3

조리 POINT

기름에 볶으면 비타민A를 효과적으로 섭취시킬 수 있다. 비타민A와 비타민B2, 비오틴이 함유된 식재료에 양질의 단백질을 더해서 피부를 건강하게 만들자.

1군 : 곡류 2군 : 육류, 생선, 달걀, 유제품 3군 : 채소, 해조류, 과일 α : 유지류 α : 풍미

식이섬유를 보충해서 장을 청소하고 비만을 예방한다

대구와 고구마를 넣은 국

재료

대구
감칠맛을 내고 칼로리가 낮아서 건강에 좋다.

두부
소화 흡수 능력이 뛰어난 단백질이다. 콩의 올리고당으로 장의 기능을 돕는다.

고구마
녹말이 풍부해서 열을 가해도 비타민 손실이 적고, 먹으면 오랜 시간 든든하다. 식이섬유로 변비를 해소하고, 콜린을 함유해서 지방간을 예방한다.

미역
식이섬유를 함유하며 칼슘이나 철 등의 미네랄 공급원이다.

표고버섯
당질과 지질의 대사를 활발하게 해 다이어트에 매우 좋다.

배추
비타민C로 면역력을 높인다. 푹 끓이면 소화가 잘된다.

참기름
변비를 해소하고 피부가 건조해지는 것을 막는다.

말린 멸치
칼슘과 비타민B군을 함유하며 대사를 활발하게 한다.

만드는 방법

1. 대구, 고구마, 미역, 표고버섯, 배추, 두부는 먹기 좋은 크기로 썰고, 말린 멸치는 가루로 만든다.
2. 1을 냄비에 넣고 재료가 잠길 정도로 물을 부어서 부드러워질 때까지 끓인다.
3. 30도 정도로 식히고, 마지막으로 참기름 1작은술을 뿌린다.

조리 POINT

저칼로리 식품인 대구와 녹말을 많이 함유한 참마로 오랜 시간 든든하고 포만감이 있는 음식을 만든다. 식이섬유를 듬뿍 섭취시켜서 변비를 해결하자.

1군 : 곡류　2군 : 육류, 생선, 달걀, 유제품　3군 : 채소, 해조류, 과일　α : 유지류　α : 풍미

 노폐물이 쌓이는 것을 막아 몸을 건강하고 젊게 유지시킨다

돼지고기 우엉 죽

재료

돼지고기
비타민B군으로 피로 해소를 돕고 몸의 기능을 활발하게 한다.

율무밥
수분이 많고 혈액순환을 좋게 하며 해독 작용이 있다.

우엉
식이섬유가 풍부해서 해독 효과가 있고 장속의 노폐물을 배출한다.

소송채
칼슘 함유량이 많고 세포 생성에 필요한 아연도 풍부하다.

생강
대사를 활발하게 하고, 매운맛이 식욕을 증진시킨다.

당근
베타카로틴과 비타민C가 면역력을 높인다.

브로콜리 싹
해독 작용이 있다. 무순으로 바꿔도 된다.

올리브유
비타민E가 항스트레스 작용을 한다.

만드는 방법

1. 생강과 돼지고기는 갈아놓고 당근과 우엉을 먹기 좋은 크기로 썬다. 우엉은 물에 담가서 떫은맛을 제거한다.
2. 냄비에 올리브유를 두르고 1을 볶는다. 여기에 율무밥을 넣고 재료가 잠길 정도로 물을 부어서 부드러워질 때까지 끓인다.
3. 2에 잘게 썬 소송채를 넣고 다시 팔팔 끓인다. 마지막으로 브로콜리 싹을 넣으면 완성.

조리 POINT

체내 기능을 활성화하는 비타민B군이 함유된 돼지고기와 해독 작용이 있는 채소를 함께 넣어 음식을 만든다. 수분이 많은 채소죽을 먹여 노폐물을 배출시키자.

1군 : 곡류 2군 : 육류, 생선, 달걀, 유제품 3군 : 채소, 해조류, 과일 α : 유지류 α : 풍미

풍미와 감칠맛을 더해서 더욱 맛있다!

소고기와 톳을 넣어 지은 밥

재료

소고기
뼈와 근육을 만드는 주성분인 단백질을 공급한다.

소 간
양질의 단백질원으로 영양만점 식품이다.

백미
소화 흡수가 잘되는 에너지원이다.

만가닥버섯(백만송이버섯)
비타민D와 감칠맛을 내는 글루탐산을 함유한다.

톳
부족해지기 쉬운 미네랄을 보충한다.

당근
베타카로틴과 비타민C가 면역력을 높이고 감염증을 예방한다.

꼬투리 강낭콩
단백질과 탄수화물을 함유한 식품이다. 비타민C도 함유되어 있어서 면역 기능을 돕는다.

호박
비타민C와 비타민E를 함유하며 단맛이 있어 개가 좋아한다.

참기름
비타민E 공급원.

다시마가루
근육을 강화하는 칼륨이 함유되어 있다.

만드는 방법

1. 소 간, 만가닥버섯, 톳, 당근, 호박, 꼬투리 강낭콩을 먹기 좋은 크기로 썬다. 톳은 물에 씻어서 불순물을 제거하고, 소고기는 갈아놓는다.
2. 밥솥에 씻은 쌀 1홉과 물을 넣는다. 1과 다시마가루를 더해서 밥을 짓는다.
3. 밥이 다 되면 골고루 잘 섞고 참기름 반 큰술을 뿌린다.

조리 POINT

소의 간으로 영양가를 높이고 만가닥버섯으로 음식에 풍미를 더한다. 아미노산이 풍부한 다시마를 넣어서 쌀에 감칠맛이 충분히 배이게 하자.

1군 : 곡류 2군 : 육류, 생선, 달걀, 유제품 3군 : 채소, 해조류, 과일 α : 유지류 α : 풍미

지나치게 노견 취급하지 마세요!

노견

식재료를 너무 잘게 썰거나 부드러워질 때까지 푹 끓일 필요는 없습니다.
오히려 적절한 자극을 주는 편이 좋습니다.

건강관리법

나이가 많이 들었다고 해서 지나치게 배려할 필요는 없습니다. 무리를 주지 않는 범위에서 '지금까지와 똑같은 생활'을 보내게 하세요. 단, 이전까지 식생활을 철저하게 관리해두지 않으면 살이 잘 빠지지 않고 산책도 힘들어합니다. 움직이지 않는데도 식욕만 왕성해져서 비만이 되는 개를 보며 힘들어하는 반려인이 많습니다. 이럴 때는 채소같이 칼로리가 낮은 음식의 양을 늘려서 건강을 유지할 수 있도록 도와주세요.

식사 기준

건강한 노견은 성견과 마찬가지로 하루에 1~2끼가 기본입니다. 하지만 갑자기 야윌 때는 양을 줄이고 횟수를 늘려보세요. 움직이기 불편할 때부터 비만이 되기 쉽습니다. 하지만 살이 쪘다고 채소와 과일만 너무 많이 줬다가는 오히려 영양 균형이 무너질 수 있습니다. 식욕이 떨어졌다면 밥의 온도나 냄새를 다르게 해서 식욕을 자극해보세요.

노견을 위한 영양소 Best 5

❶ 비타민C

백내장을 예방한다.

|함유 식품| 무, 브로콜리, 콜리플라워, 호박, 소송채, 고구마, 피망, 파슬리

❷ 베타글루칸

면역을 활성화한다.

|함유 식품| 표고버섯, 잎새버섯 등 버섯

❸ 단백질

근육량을 유지한다.

|함유 식품| 달걀, 소 넓적다리살, 돼지 넓적다리살, 닭고기(가슴살), 대구, 연어, 전갱이, 정어리, 고등어

❹ 비타민E

체내 저항력을 높인다.

|함유 식품| 호두, 식물성 기름, 콩, 가다랑어, 쑥갓

❺ DHA, EPA, 오메가3 지방산

치매를 예방한다.

|함유 식품| 정어리, 꽁치, 전갱이, 방어, 고등어, 연어, 말린 멸치, 참깨, 호두, 아마인유, 들기름

건강에 좋은 음식으로 기초대사량 저하에 대처한다!

국물이 걸쭉한 닭가슴살 우동

재료

닭가슴살
비타민A와 비타민B군을 함유해 건강에 좋다. 맛이 담백하고 육질도 부드러워서 개들이 좋아한다.

우동
당질이 적고 소화 흡수가 잘되는 건강한 에너지원이다.

당근
베타카로틴과 비타민C가 면역력을 높이고 감염증을 예방한다.

배추
비타민C가 풍부하다. 푹 끓이면 부드러워져서 소화가 잘된다.

잎새버섯
베타글루칸이 면역력을 높인다.

쑥갓
베타카로틴이 들어 있다. 쓴맛이 약해서 사용하기 좋은 식재료다.

말린 멸치
칼슘과 비타민B군을 함유하고 대사를 활발하게 한다.

칡가루
소화가 잘되는 에너지원이며 위를 건강하게 한다.

만드는 방법

1. 껍질을 벗긴 닭가슴살, 우동, 당근, 잎새버섯, 배추는 먹기 좋은 크기로 썰고, 말린 멸치는 가루로 만든다.
2. 1을 냄비에 넣고 재료가 잠길 정도로 물을 부어서 익을 때까지 끓인다.
3. 2에 잘게 썬 쑥갓을 넣고 잘 섞은 다음, 물에 갠 칡가루를 넣어 걸쭉해지면 완성.

1

2

3

조리 POINT

지방이 적은 닭가슴살로 저지방 고단백 음식을 만든다. 체력과 근력을 유지시키면서 비만을 예방하자.

1군 : 곡류 2군 : 육류, 생선, 달걀, 유제품 3군 : 채소, 해조류, 과일 α : 유지류 α : 풍미

 식욕을 자극하고 활력을 불어넣는다

뱅어포 볶음밥

재료

달걀
필수 아미노산을 함유한 훌륭한 단백질원이다.

잡곡밥
비타민과 미네랄을 함유하며 체력을 증진시킨다.

표고버섯
베타글루칸이 면역력을 높인다.

소송채
칼슘 함유량이 많은 채소다. 간 기능을 향상시키고 해독 작용을 한다.

참깻가루
비타민E 공급원으로 항산화 식품이다.

유부
비타민E 공급원으로 고단백 식품이다.

올리브유
비타민E 공급원.

뱅어포
칼슘이 풍부하며 개들이 냄새를 좋아한다.

만드는 방법

1. 표고버섯, 소송채, 유부를 먹기 좋은 크기로 썬다.
2. 냄비에 올리브유 1작은술을 두른 뒤 달걀을 풀어 넣고 휘저어가며 볶는다. 여기에 잡곡밥과 뱅어포, 참깻가루를 넣어서 달걀과 함께 볶는다.
3. 2에 1과 물 100ml를 넣고 골고루 익을 때까지 잘 볶는다.

조리 POINT

비타민C와 비타민E로 혈액순환을 촉진하고 면역력을 높인다. 참깻가루나 녹황색 채소 등 항산화 식품을 더해서 노화를 방지하고 풍미로 후각을 자극한다.

1군 : 곡류 2군 : 육류, 생선, 달걀, 유제품 3군 : 채소, 해조류, 과일 α : 유지류 α : 풍미

면역력을 높여 건강을 유지시키자

참마를 얹은 전갱이 채소죽

재료

전갱이
노화 방지에 좋은 DHA를 함유한다. 아미노산이 풍부해서 감칠맛이 난다.

현미밥
식이섬유를 함유해 노폐물을 배출하는 데 좋다.

비지
비타민과 식이섬유로 배설을 촉진해 다이어트에 좋다.

참마
뮤신은 자양강장에 효과적이다. 녹말을 소화하는 효소가 있다.

브로콜리
베타카로틴과 비타민C가 풍부해서 면역 기능에 좋다.

호박
베타카로틴, 비타민C, 비타민E를 함유한다. 피부를 건강하게 유지하고 면역력을 높인다.

표고버섯
베타글루칸이 면역력을 높인다.

올리브유
비타민E 공급원. 식물성 기름은 변비를 예방한다.

만드는 방법

1. 전갱이는 뼈와 살을 발라서 뼈를 제거한 뒤 먹기 좋은 크기로 썬다.
2. 냄비에 올리브유를 두르고 전갱이 살과 잘게 썬 호박, 표고버섯을 함께 볶다가 현미밥과 비지를 넣는다. 재료가 잠길 정도로 물을 부어서 부드러워질 때까지 끓인다.
3. 2에 먹기 좋은 크기로 썬 브로콜리를 넣고 다시 팔팔 끓인다. 30도 정도로 식혀서 그릇에 담고 갈아놓은 참마를 위에 올리면 완성.

조리 POINT

브로콜리는 베타카로틴과 비타민C가 함유된 녹황색 채소로 면역력 향상을 돕는다. DHA가 풍부한 등푸른생선을 단백질원으로 사용해서 뇌 건강까지 챙겨주자.

1군 : 곡류 2군 : 육류, 생선, 달걀, 유제품 3군 : 채소, 해조류, 과일 α : 유지류 α : 풍미

눈을 좋게 하고 백내장을 예방한다

연어 채소죽

재료

연어
DHA와 비타민E가 노화를 방지한다. 아스타잔틴은 강력한 항산화 작용을 한다.

가리비
타우린이 시력 저하를 예방한다.

쌀밥
소화 흡수가 잘된다.

무
생으로 갈아서 비타민C를 섭취시킨다. 위에 좋고 소화가 잘된다.

양배추
비타민U가 위 점막을 보호한다. 비타민C도 함유되어 있다.

당근
베타카로틴, 비타민B1, 비타민B2, 비타민C로 눈의 건강을 유지한다.

시금치
베타카로틴, 비타민B1, 비타민B2, 비타민C로 눈의 건강을 유지한다.

만가닥버섯(백만송이버섯)
베타글루칸이 면역력을 높인다.

김
미네랄 공급원. 비타민B2로 세포의 생성을 촉진한다.

올리브유
비타민E 공급원.

만드는 방법

1. 연어, 가리비, 양배추, 만가닥버섯, 당근, 시금치를 먹기 좋은 크기로 썬다.
2. 냄비에 올리브유를 두르고 1과 쌀밥을 함께 볶는다. 잘 섞어가며 볶다가 재료가 잠길 정도로 물을 부어서 부드러워질 때까지 끓인다.
3. 30도 정도로 식혀서 그릇에 담고 갈아놓은 무와 김을 위에 올리면 완성.

조리 POINT

눈에 좋은 비타민A, 비타민B1, 비타민C, 비타민E가 함유된 채소와 시력 회복 효과가 있는 DHA가 풍부한 생선을 함께 요리하자. 기름에 한 번 볶아서 끓이면 비타민을 효과적으로 섭취시킬 수 있다.

1군 : 곡류 2군 : 육류, 생선, 달걀, 유제품 3군 : 채소, 해조류, 과일 α : 유지류 α : 풍미

자주 운동하는 개는 잘 먹습니다

운동량이 많은 개

운동으로 소비한 칼로리를 보충하는 것은 물론 피로 해소, 근육 강화를 위해 아미노산과 비타민을 충분히 섭취시키는 것이 중요합니다.

건강관리법

견종에 따라서 양치기 개처럼 밤낮 없이 뛰어다니는 특성을 지닌 개도 있고, 운동을 즐기는 개도 있습니다. 사람도 학창 시절에 운동부였던 사람은 많이 먹고, 운동을 별로 하지 않는 사람은 그다지 먹지 않는 경향이 있습니다. 이와 마찬가지로 개 역시 운동량에 따라 식사량이 달라야 합니다. 특히 집에서도 안 지치고 계속 뛰어다니거나 산책 시 달리기를 즐기는 개들은 차분하고 얌전한 개보다 더 많은 영양소가 필요합니다. 피로 해소와 근육 강화를 위해서 아미노산과 비타민을 잘 보충해주세요.

식사 기준

운동을 계속하려면 쓰는 만큼의 에너지가 필요합니다. 근력을 기르면서도 피로 해소에 좋은 식사뿐만 아니라 고칼로리 식사를 자주 줘야 합니다. 하지만 하루에 먹을 양을 한 번에 주기보다 여러 번 주는 것을 추천합니다. 먹는 양을 늘려야 할 때도 한 번에 주는 양을 늘리는 것보다는 횟수를 늘려주세요.

운동량이 많은 개를 위한 영양소 Best 5

❶ 아미노산

운동 후 근육을 회복시킨다.

|함유 식품| 달걀, 소 넓적다리살, 돼지 넓적다리살, 닭고기(가슴살), 간(소, 돼지, 닭), 정어리, 방어, 연어, 가다랑어, 참치, 장어

❷ 비타민B6

단백질 대사를 촉진한다.

|함유 식품| 돼지 넓적다리살, 소 간, 정어리, 연어, 고등어, 참치, 바나나, 참깨, 낫토, 콩가루

❸ 비타민C

근육과 뼈를 결합하는 콜라겐을 만드는 데 필요하다.

|함유 식품| 무, 브로콜리, 콜리플라워, 호박, 소송채, 고구마, 피망, 파슬리, 토마토

❹ 비타민E

항스트레스 효과가 있다.

|함유 식품| 호두, 식물성 기름, 콩, 가다랑어, 쑥갓, 참깨

❺ 비타민A, 베타카로틴

세균 감염을 예방하고 점막을 강화한다.

|함유 식품| 간(소, 돼지, 닭), 달걀노른자, 시금치, 소송채, 당근, 호박, 파슬리

비타민C, 비타민E, 판토텐산으로 스트레스를 완화한다

연어와 채소를 넣은 잡곡죽

재료

연어
판토텐산, 비타민B군, 비타민D, 비타민E를 골고루 함유한다.

파르메산치즈
칼슘 공급원. 냄새로 식욕을 돋운다.

잡곡밥
비타민과 미네랄로 체력을 증진시킨다.

호박
베타카로틴과 비타민C, 비타민E를 함유한다. 피부를 건강하게 하고 면역력을 향상시킨다.

브로콜리
비타민C가 풍부하다. 면역력을 강화하고 병원체에 대한 저항력을 높인다.

당근
베타카로틴과 비타민C가 면역력을 높이고 감염증을 예방한다.

꼬투리 강낭콩
단백질과 탄수화물이 풍부하고 칼슘과 철도 함유되어 있다.

말린 표고버섯
판토텐산이 면역력을 향상시킨다.

올리브유
비타민E 공급원.

만드는 방법

1. 연어, 호박, 당근, 브로콜리, 꼬투리 강낭콩을 먹기 좋은 크기로 썬다.
2. 냄비에 올리브유를 두르고 연어, 호박, 당근을 함께 볶다가 재료가 잠길 정도로 물을 부은 다음, 잡곡밥과 잘게 다진 표고버섯을 넣고 끓인다.
3. 재료가 다 익으면 브로콜리와 꼬투리 강낭콩을 넣고 다시 끓인 뒤, 위에 파르메산치즈를 뿌린다.

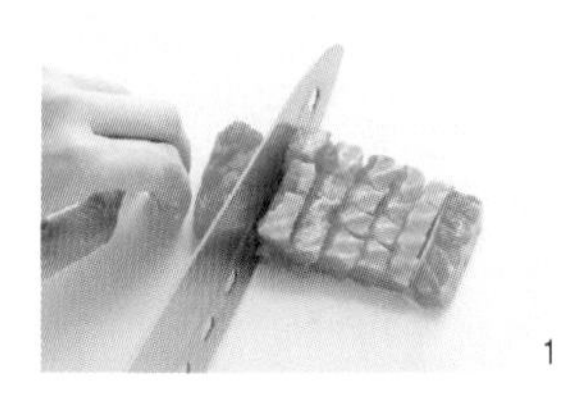
1

2

3

조리 POINT

양질의 단백질 공급원인 연어는 여러 비타민과 판토텐산을 함유한다. 비타민E와 판토텐산은 스트레스를 완화시킨다. 비타민C는 항스트레스 작용 및 콜라겐 생성을 돕는다. 비타민C를 효과적으로 섭취시키려면 국물을 다 먹일 수 있는 죽을 만들자.

1군 : 곡류 2군 : 육류, 생선, 달걀, 유제품 3군 : 채소, 해조류, 과일 α : 유지류 α : 풍미

풍부한 아미노산이 근육 형성을 돕는다

돼지고기를 듬뿍 넣은 파스타

재료

돼지 넓적다리살
비타민B군이 풍부하다. 피로를 해소하고 단백질 대사를 촉진해서 몸을 활성화한다.

마카로니
에너지원.

피망
비타민C가 풍부하다. 비타민P도 함유되어 있어서 가열에 따른 비타민C의 손실이 적다.

양배추
비타민B는 소화불량을 방지하고, 비타민K는 뼈의 형성을 돕는다.

당근
면역력을 높이고 감염증을 예방한다.

시금치
비타민과 미네랄이 풍부하다.

파래
미네랄 공급원.

참기름
비타민E가 항스트레스 작용을 한다.

가다랑어포
감칠맛을 내는 이노신산이 들어 있다. 펩타이드는 피로를 해소한다.

벚꽃새우
칼슘 공급원이며 육수 맛을 더해서 풍미를 좋게 만든다.

만드는 방법

1. 돼지고기, 피망, 양배추, 당근, 시금치를 먹기 좋은 크기로 썬다.
2. 냄비에 참기름을 두르고 1을 살짝 볶다가 재료가 잠길 정도로 물을 부은 다음, 마카로니를 넣고 끓인다.
3. 재료가 다 익으면 가다랑어포와 벚꽃새우, 파래를 넣고 잘 섞는다.

조리 POINT

운동 후에 근육 형성을 돕는 아미노산과 함께 단백질 대사를 향상시키는 비타민B6도 섭취시킨다. 녹황색 채소도 듬뿍 먹이면 감염증을 쉽게 이겨낸다!

1군 : 곡류 2군 : 육류, 생선, 달걀, 유제품 3군 : 채소, 해조류, 과일 α : 유지류 α : 풍미

 비타민B1과 참마로 피로를 해소한다

가다랑어와 낫토, 참마를 얹은 밥

재료

가다랑어
피로 해소를 돕고 나이아신으로 대사를 향상시킨다. 몸을 건강하고 튼튼하게 만들어준다.

달걀노른자
비타민D가 들어 있다. 소화가 잘 되도록 날달걀(달걀노른자만 사용)을 먹인다.

현미밥
비타민이 풍부하다. 비타민B군으로 피로 해소를 돕는다.

낫토
고단백 저칼로리 식품이다.

참마
미끈미끈한 성분으로 위 점막을 보호한다. 녹말 분해 효소인 아밀레이스는 피로를 해소한다.

김
비타민B1을 함유한 미네랄 공급원이다.

참깻가루
비타민B군과 비타민E로 대사를 활발하게 하고 신체 기능을 강화한다.

다시마
칼륨으로 근육을 강화한다.

소송채
칼슘을 함유하며 비타민K로 뼈의 형성을 돕는다.

만드는 방법

1. 참마는 갈아놓고 가다랑어는 먹기 좋은 크기로 썬다.
2. 프라이팬을 달군 뒤 1의 가다랑어를 볶다가 잘게 다진 다시마를 넣고, 재료가 잠길 정도로 물을 부어서 푹 끓인다.
3. 잘게 썬 소송채와 현미밥을 넣고 다시 끓인 뒤 불을 끈다. 그릇에 담고 그 위에 달걀노른자, 잘 섞은 낫토, 참마, 김, 참깻가루를 위에 뿌린다.

조리 POINT

비타민B1은 피로 해소에 좋다. 비타민B1이 함유된 단백질원(돼지고기, 가다랑어, 연어, 대구, 닭고기)을 사용해서 음식을 만들자. 참마는 근육에 쌓인 피로를 완화시키고, 위 상태를 좋게 유지한다. 밥 위에 얹어서 먹이자.

1군 : 곡류 2군 : 육류, 생선, 달걀, 유제품 3군 : 채소, 해조류, 과일 α : 유지류 α : 풍미

 아미노산으로 스태미나를 강화한다

소고기 토마토 리소토

재료

소 넓적다리살
피로 해소에 효과적인 철이 함유되어 있다. 뼈와 근육을 만드는 주성분인 단백질, 비타민B군이 풍부하다.

코티지치즈
칼슘 공급원. 수분이 풍부하다. 신경 기능을 조절하는 비타민 B12도 함유되어 있다.

쌀밥
에너지원.

콩가루
식물성 단백질원이다.

토마토
구연산이 위를 좋게 유지한다.

브로콜리
비타민C가 풍부해서 면역 기능을 향상시킨다. 항스트레스 작용도 한다.

파프리카
비타민C와 함께 비타민P도 들어 있어서 가열에 따른 비타민C의 손실이 적다.

파슬리
베타카로틴과 비타민B1을 함유한다.

양배추
비타민U로 위 점막을 강화한다.

올리브유
비타민E가 항스트레스 작용을 한다.

만드는 방법

1. 소고기, 토마토, 브로콜리, 파프리카, 양배추를 먹기 좋은 크기로 썬다.
2. 냄비에 올리브유를 두른 뒤 1과 함께 쌀밥을 볶고, 모든 재료가 잠길 정도로 물을 부어서 부드러워질 때까지 끓인다.
3. 마지막으로 한 번 더 끓여서 다진 파슬리, 코티지치즈, 콩가루를 위에 뿌린다.

조리 POINT

익숙하지 않은 음식을 주는 것보다 평소에 잘 먹는 식재료를 사용해서 음식을 만들자. 아미노산은 스태미나를 향상해 운동 전에 섭취시키면 좋다. 스트레스 해소에 효과적인 비타민C가 함유된 채소는 소화가 잘되도록 푹 끓이는 것이 중요하다.

1군 : 곡류 2군 : 육류, 생선, 달걀, 유제품 3군 : 채소, 해조류, 과일 α : 유지류 α : 풍미

Column

감기에 걸렸을 때 먹이는 음식

감기 기운이 있을 때 어떤 음식을 먹여야 할까요? 건강을 회복하는 데 좋은 영양소를 알려드리겠습니다.

감기 증상

기침을 하거나 숨이 가빠지는 듯한 모습을 보입니다. 코 주변의 털이 콧물에 젖어 있기도 하지요. 평소보다 혀나 소변의 색이 진하거나 소변량이 적다면 감기 증상일 수 있습니다. 차가운 바닥에 엎드려 있거나 식욕이 떨어지기도 합니다. 식욕이 떨어지면 구토도 할 수 있습니다. 증상을 잘 관찰한 뒤 병원에 데려가는 것이 좋습니다.

증상 개선

몸을 따뜻하게 해주고, 실내의 온도와 습도를 맞춰줍니다. 아플 때는 사료보다 따뜻한 국이 좋습니다. 면역력을 향상시키는 베타카로틴이 함유된 당근이나 글루칸이 들어 있는 표고버섯, 비타민C 보충을 위한 녹황색 채소 등으로 국을 만들어줍시다.

조리 POINT

고에너지, 고단백 식품으로 저항력을 높인다. 지방을 줄여서 소화 흡수를 돕고, 식이섬유가 많이 함유된 식재료는 부드러워질 때까지 끓이거나 갈아 먹여서 지친 위를 낫게 하자.

감기를 물리치는 영양소 Best 5

❶ 단백질

면역력을 강화하고
감염증을 예방한다.

|함유 식품| 닭고기, 달걀, 소고기, 돼지고기, 정어리, 전갱이, 대구, 참치, 연어, 두유, 두부, 콩, 유제품

❷ 당질

에너지원으로서 활력소가 된다.

|함유 식품| 백미, 현미, 율무, 우동, 메밀국수, 밀, 고구마, 과일

❸ 비타민C

면역 기능을 돕고
스트레스에 대한 저항력을 높인다.

|함유 식품| 브로콜리, 콜리플라워, 피망, 토마토, 호박, 시금치, 과일

❹ 비타민B1

피로를 해소한다.

|함유 식품| 돼지고기, 닭 간, 연어, 정어리, 현미, 콩, 낫토, 두부, 꼬투리 강낭콩, 시금치

❺ 비타민A

점막을 강화하고
감염증을 예방한다.

|함유 식품| 닭 간, 달걀노른자, 장어, 김, 쑥갓, 당근, 호박, 시금치, 소송채, 멜로키아, 치즈

PART 2

증상별 맞춤 치료 레시피

이런 행동을 보이면 세심히 지켜봐주세요

병의 신호를 파악하자!

반려인은 애견의 몸에 이상 증세가 나타나지 않았는지 사소한 변화라도 빨리 알아차려야 합니다. 아래 체크리스트로 증상을 확인해보세요.

✚ 반려견이 보내는 신호

'늘 하는 행동'이라고 무시하지 않도록 주의합시다.

- ○ ① 잠만 잔다
- ○ ② 산책하러 나가고 싶어 하지 않는다
- ○ ③ 눈곱, 눈물 자국
- ○ ④ 살이 찐다
- ○ ⑤ 비듬, 탈모
- ○ ⑥ 털에 윤기가 없다
- ○ ⑦ 설사
- ○ ⑧ 쇠약해졌다
- ○ ⑨ 림프샘이 붓는다
- ○ ⑩ 잇몸에서 피가 난다
- ○ ⑪ 사물에 자주 부딪친다
- ○ ⑫ 쭈그리고 앉아도 소변을 못 본다
- ○ ⑬ 귀를 세게 긁는다
- ○ ⑭ 기침을 한다
- ○ ⑮ 다리를 질질 끈다
- ○ ⑯ 밥을 먹어도 자꾸 야윈다
- ○ ⑰ 숨소리가 거칠다
- ○ ⑱ 다리를 자주 핥는다
- ○ ⑲ 귀에서 냄새가 난다
- ○ ⑳ 구토
- ○ ㉑ 변비
- ○ ㉒ 똑바로 걷지 못한다

병이 의심된다면?

기본적인 대처법은 '동물병원에 데려가는 것'입니다. 하지만 개는 참을성이 강해 눈에 확 띄는 증상이 나타났을 때는 이미 병이 악화된 경우가 많습니다. '내가 좀 더 빨리 알아차렸더라면 좋았을 텐데…' 하고 자신을 책망하는 반려인도 많은데, 이는 어쩔 수 없는 일이기도 합니다. 평소에 자주 확인하는 습관을 들여야 합니다.

증상에 따라 의심되는 병

애견이 보내는 신호에 따라 다음과 같은 병을 의심할 수 있습니다.

1. 노화, 컨디션 좋지 않음
2. 노화, 컨디션 좋지 않음, 다리 관련 질환, 정신적 스트레스
3. 배설 불량
4. 노화, 과식, 운동 부족, 해독 중인 상태
5. 호르몬, 배설 불량, 혈액순환 불량, 약 부작용
6. 소화기 질환
7. 소화불량, 장 정비 중, 스트레스, 섬유질 부족, 약 부작용
8. 암, 간 질환, 소화기 질환, 노화, 탈수 증상
9. 염증, 관절 질환, 암
10. 치주 질환
11. 백내장
12. 방광염, 결석증, 신장염
13. 외이염
14. 심장병, 사상충
15. 관절염, 탈구, 상처
16. 당뇨병, 암
17. 호흡기 질환(폐, 코), 염증
18. 배설 불량, 스트레스
19. 외이염
20. 음식이 몸에 맞지 않는다, 암
21. 장 정비 중, 스트레스, 섬유질 부족
22. 다리 부상(가시 찔림 등), 관절염, 뇌 질환

질병 개선과 식사의 관계

이 세상에 '이 음식을 먹기만 하면 병이 낫는다!'고 하는 음식은 없습니다. 몸을 만드는 데는 특정 영양소만 섭취하는 것이 아니라 영양소를 골고루 섭취해야 합니다. 보통 식사로 영양소를 채우므로 제철 음식을 골고루 섭취시켜주세요. 음식은 약과 달라 몸에 바로 반응이 오지는 않지만 아주 조금씩 뿌리부터 효력을 발휘합니다. 질병은 '몸의 균형이 무너졌으니 회복해달라'는 신호입니다. 음식의 효능을 잘 알아두고 활용해서 무너진 몸의 균형을 바로잡아봅시다.

일주일에 한 번은 몸을 대청소해주세요

디톡스 레시피

병에 걸리고 나서 대처하는 것과 병에 걸리기 전부터 대비하는 것은 결과가 확연히 다릅니다. 건강할 때부터 디톡스를 해줍시다!

체내에 쌓인 노폐물을 배출해서 건강을 회복시키자!

일주일에 한 번씩 먹이는 영양만점 디톡스 채소죽

노폐물 배출에 효과적인 영양소 Best 5

① 칼륨

몸속 나트륨을 배출한다.

|함유 식품| 토마토, 감자, 고구마, 참마, 낫토, 꼬투리 강낭콩, 사과, 톳, 미역, 다시마

② 식이섬유

장속의 유해물질을 배출한다.

|함유 식품| 우엉, 브로콜리, 고구마, 팥, 톳, 미역, 현미, 꼬투리 강낭콩, 아몬드

③ 타우린

간 기능을 강화하고 노폐물 배출을 촉진한다.

|함유 식품| 굴, 가리비, 바지락, 재첩, 참치, 고등어, 정어리 살의 거무스름한 부분

④ 안토시아닌

활성산소를 제거한다.

|함유 식품| 흑미, 자색고구마, 적양배추, 블루베리, 가지, 팥, 검은깨

⑤ 황

유해 미네랄을 배출한다.

|함유 식품| 무, 마늘, 달걀, 콩, 참치, 우유, 생선, 육류

 몸속을 깨끗하게 하고 노폐물을 배출시키자!

낫토와 참마를 얹은 채소죽

재료

전갱이
DHA, EPA를 함유한 단백질원이다.

율무밥
체력 향상에 효과적인 에너지원이며 이뇨 작용을 한다.

낫토
스태미나를 강화한다. 콩의 이소플라본이 이뇨 작용을 한다.

톳
부족해지기 쉬운 미네랄을 보충한다.

참마
위 점막을 보호하며 소화 효소를 함유한다.

당근
베타카로틴과 비타민C가 면역력을 높이고 감염증을 예방한다.

꼬투리 강낭콩
항균 해독 작용이 있고 비타민도 풍부하다.

호박
베타카로틴이 면역력을 높인다.

검은깨
안토시아닌을 함유한 비타민E 공급원이다.

만드는 방법

1. 전갱이, 톳, 당근, 꼬투리 강낭콩, 호박은 먹기 좋은 크기로 썰고, 참마는 갈아놓는다. 전갱이는 완자로 만들어도 좋다.
2. 냄비에 전갱이와 톳을 넣고 물 200ml를 부어서 끓인다. 물이 끓어오르면 율무밥, 당근, 꼬투리 강낭콩, 호박을 넣고 재료가 부드러워질 때까지 푹 끓인다.
3. 30도 정도로 식혀서 그릇에 담고, 갈아놓은 참마, 낫토, 검은깨를 위에 올린다.

조리 POINT

위가 약해서 걱정되는 개에게는 채소를 갈거나 잘게 다져서 부드러워질 때까지 푹 끓인 다음 먹이면 안심할 수 있다. 이뇨 작용 및 노폐물 배출 효과가 있는 식재료를 함께 먹이자. 항산화물질을 함유한 녹황색 채소를 더하면 더욱 효과적이다. 충분한 수분으로 체내 노폐물을 배출시키는 것이 핵심!

1군 : 곡물 2군 : 육류, 생선, 달걀, 유제품 3군 : 채소, 해조류, 과일 α : 유지류 α : 풍미

치주 질환이 악화되면 여러 가지 병을 일으킵니다

구내염, 치주 질환

구내염은 면역력이 떨어져 생길 수 있습니다. 치주 질환은 입안 관리로 예방할 수 있으니 평소에 신경을 써야 합니다.

증상

치아나 입안에 생기는 질환은 가까이서 들여다보지 않으면 의외로 눈치채기 어렵습니다. 구내염에 걸리면 침을 많이 흘리고 구취가 심해지는 증상 등이 나타납니다. 하얀 습진처럼 생기거나 빨갛게 부어오르기도 합니다. 치주 질환이 생기면 잇몸이 빨갛게 붓거나 심한 냄새가 납니다. 잇몸에서 피가 나고 치아가 흔들리기도 합니다. 식사 시간이 오래 걸리거나 식욕이 없는 것처럼 보입니다.

원인

구내염은 상처처럼 외상 때문에 생길 수도 있지만 체력이 떨어져 발생할 수 있습니다. 점막의 저항력이 약해지면 세균에 쉽게 감염되기 때문이지요. 치주 질환은 치석이나 치아 사이에 음식 찌꺼기가 쌓이는 것이 주원인입니다. 따라서 평소에 입안 관리를 반드시 해줘야 합니다.

관리

방부제가 첨가된 치약보다 무나 우엉을 갈아서 짠 즙 같은 천연 치약을 사용하세요. 양치가 어려운 아이에게는 입안에 채소즙을 흘려주기만 해도 좋습니다.

구내염, 치주 질환에 효과적인 영양소 Best 5

❶ 비타민A, 베타카로틴

세균에 감염되지 않도록 점막을 강화한다.

|함유 식품| 간(소, 돼지, 닭), 달걀노른자, 시금치, 당근, 소송채, 호박

❷ 비타민B1

세포 재생을 촉진한다.

|함유 식품| 돼지고기, 콩, 닭고기, 배아미, 현미

❸ 비타민U

손상된 위 점막을 낫게 한다.

|함유 식품| 양배추, 아스파라거스, 셀러리, 파래

❹ 비타민B2

세포 재생을 돕는다.

|함유 식품| 유제품, 간(소, 돼지), 정어리, 연어, 녹황색 채소, 콩류, 달걀노른자

❺ 나이아신

혈액순환을 도와 빨리 낫게 한다.

|함유 식품| 잎새버섯, 가다랑어포, 돼지고기, 현미, 연어, 표고버섯, 고등어

비타민A가 입안의 점막을 강화한다

닭 간과 녹황색 채소를 넣은 죽

재료

닭 간
지질이 적고 영양가가 높은 단백질이다. 비타민A의 공급원이다.

현미밥
식이섬유로 노폐물 배출을 돕는다. 비타민B1도 함유한다.

아스파라거스
비타민U가 손상된 위 점막을 보호한다.

호박
베타카로틴이 면역력을 높인다.

당근
베타카로틴과 비타민C가 면역력을 높이고 감염증을 예방한다.

잎새버섯
나이아신이 치유를 촉진한다.

올리브유
에너지원.

만드는 방법

1. 닭 간, 호박, 당근, 잎새버섯, 아스파라거스를 먹기 좋은 크기로 썬다. 냄비에 올리브유를 두르고 닭 간을 넣어서 표면의 색이 변할 때까지 볶는다.
2. 냄비에 호박, 당근, 잎새버섯도 넣어서 함께 볶다가 현미밥을 넣는다. 재료가 잠길 정도로 물을 부어서 부드러워질 때까지 끓인다.
3. 마지막으로 아스파라거스를 넣고 다시 끓여서 잘 섞는다.

1

2

3

조리 POINT

세균 감염을 막고 점막을 강화하는 지용성 비타민A를 효과적으로 섭취시키려면 식물성 기름으로 한 번 볶은 뒤 푹 끓이자. 손상된 점막을 빨리 낫게 하려면 나이아신이 함유된 버섯을 더한다.

1군 : 곡류 2군 : 육류, 생선, 달걀, 유제품 3군 : 채소, 해조류, 과일 α : 유지류 α : 풍미

 식욕은 있지만 잘 먹지 못할 때 만들어주자

호박 옥수수 수프

재료

돼지고기
비타민B군이 풍부한 단백질원이다.

두유
식물성 단백질원으로 액체라서 쉽게 섭취시킬 수 있다. 비타민B1은 세포 재생을 촉진한다.

밀기울
가루로 만들어 사용하면 소화 흡수가 잘되는 에너지원이 된다.

옥수수
단맛이 있어서 개가 좋아하는 에너지원이다.

호박
베타카로틴이 면역력을 높인다.

양배추
비타민U가 위 점막을 강화하고 소화 흡수를 돕는다.

토란
녹말이 주성분이다. 미끈미끈한 성분이 단백질의 소화를 돕고 면역력을 강화한다.

만드는 방법

1. 모든 재료를 푸드 프로세서로 잘게 다진다.
2. 냄비에 1을 넣고 재료가 잠길 정도로 물을 붓는다.
3. 냄비 바닥에 눌어붙지 않게 잘 휘저어가며 팔팔 끓이면 완성.

조리 POINT

입안이나 치아의 통증 탓에 식욕이 있는데도 먹기 힘들어할 때는 고단백 식품을 소화가 잘되는 수프 상태로 만들어 먹이자. 세포 재생을 촉진하는 비타민B1이 함유된 돼지고기와 소화를 돕는 비타민U가 함유된 양배추를 함께 먹이면 금상첨화다.

1군 : 곡류 2군 : 육류, 생선, 달걀, 유제품 3군 : 채소, 해조류, 과일 α : 유지류 α : 풍미

손상된 세포를 재생시킨다

아스파라거스 치즈 리소토

재료

닭고기
맛이 담백하고 부드러워서 영양식으로 매우 좋다. 비타민A와 비타민B군을 함유해 건강에 좋은 식재료다.

달걀
아미노산의 균형이 잘 잡힌 단백질원이다.

파르메산치즈
음식에 풍미를 더해서 입맛을 돋운다. 칼슘도 풍부하다.

쌀밥
에너지원.

아스파라거스
아스파라긴산으로 자양강장 효과를 볼 수 있고, 세포를 생성하는 엽산이 함유되어 있다.

아몬드 슬라이스
비타민B군이 풍부하다.

표고버섯
나이아신이 빨리 낫게 한다.

소송채
베타카로틴과 비타민C가 풍부하다. 세포를 생성하는 아연도 함유되어 있어서 모든 음식에 활용할 수 있는 녹황색 채소다.

올리브유
에너지원.

만드는 방법

1. 아스파라거스, 표고버섯, 소송채를 먹기 좋은 크기로 썬다. 닭고기는 갈아놓는다.
2. 냄비에 갈아놓은 닭고기와 달걀을 넣고 볶다가 아스파라거스, 표고버섯, 소송채, 아몬드 슬라이스, 쌀밥을 넣어 잘 섞는다.
3. 재료가 잠길 정도로 물을 붓고 부드러워질 때까지 끓인다. 마지막으로 올리브유와 파르메산치즈를 뿌려서 잘 섞는다.

조리 POINT

세포 재생을 촉진하는 비타민B군은 물에 녹는 성질이 있다. 밥을 물에 말아서 용해된 영양소를 섭취시키자. 치즈로 풍미를 더하면 더욱 맛있어진다.

1군 : 곡류 2군 : 육류, 생선, 달걀, 유제품 3군 : 채소, 해조류, 과일 α : 유지류 α : 풍미

연어와 콩을 넣은 채소죽

재료

연어
아스타잔틴(카로티노이드)을 함유하며 비타민B군이 풍부한 단백질원이다.

율무밥
체력을 기르는 데 좋다. 소염 및 진통 효과가 있다.

콩
식물성 단백질이 풍부하다.

양배추
비타민U가 위 점막을 강화하고 소화 흡수를 돕는다.

당근
베타카로틴과 비타민C가 면역력을 높이고 감염증을 예방한다.

브로콜리
베타카로틴과 비타민C가 풍부해서 면역 기능에 좋다.

무
소화 효소인 아밀레이스를 함유한다.

칡가루
위 점막을 보호한다.

만드는 방법

1. 연어, 양배추, 당근, 브로콜리는 먹기 좋은 크기로 썰고, 무는 갈아놓는다. 콩은 삶는다.
2. 냄비에 연어, 삶은 콩, 양배추, 당근, 브로콜리와 율무밥을 넣고, 재료가 잠길 정도로 물을 부어서 끓인다.
3. 재료가 부드러워지면 물에 갠 칡가루를 넣어 걸쭉하게 만든다. 그릇에 담고 갈아놓은 무를 위에 올린다.

조리 POINT

지방이 적고 소화가 잘되는 식재료를 사용한다. 양배추와 칡가루를 더해주면 위 점막을 보호하는 데 좋다.

1군 : 곡류 2군 : 육류, 생선, 달걀, 유제품 3군 : 채소, 해조류, 과일 α : 유지류 α : 풍미

정기적인 디톡스로 감염을 이겨내는 몸을 만들어줍시다

세균, 바이러스, 진균증

병원체에 감염되더라도 발병하지 않도록 몸을 튼튼하게 만들어주는 것이 중요합니다. 증상이 나타나면 체력 향상과 디톡스에 집중합시다.

증상

사람뿐만 아니라 반려견도 '무균 상태'에서 생활하지 않기 때문에 항상 무언가에 감염되어 있습니다. 다만 저항력이 떨어졌을 때 여러 증상이 나타나는 것입니다. 평소와 달리 힘이 없어 보이고 식욕이 떨어집니다. 콧물이 나오거나 기침을 하고 피부병이 생기기도 합니다.

원인

공기 및 비말 전파로 감염되는 병원체를 들이마셨거나 상처나 점막으로 병원체가 침입했을 수 있습니다. 병균에 오염된 음식을 먹은 경우도 많습니다.

관리

평소에 반려견을 잘 관찰해야 합니다. 면역력이 떨어지지 않도록 스트레스 받을 만한 상황을 줄여주세요. 실내에서 크는 강아지들은 낮과 밤에 빛에 너무 많이 노출됩니다. 반려견이 편히 쉴 수 있는 어두운 공간을 마련해주세요.

세균, 바이러스, 진균증에 효과적인 영양소 Best 5

❶ 비타민A, 베타카로틴

점막을 강화한다.

|함유 식품| 간(소, 돼지, 닭), 달걀노른자, 시금치, 당근, 소송채, 호박, 순무청

❷ 비타민C

면역력을 강화한다.

|함유 식품| 무, 브로콜리, 콜리플라워, 호박, 소송채, 고구마, 피망, 파슬리, 꼬투리 강낭콩, 순무

❸ DHA, EPA, 오메가3 지방산

면역력을 좋게 유지하고 염증을 억제한다.

|함유 식품| 정어리, 꽁치, 가다랑어, 전갱이, 방어, 고등어, 말린 멸치, 참깨, 호두, 아마인유, 들기름

❹ 비타민B2

피부와 점막을 건강하게 유지한다.

|함유 식품| 유제품, 간(소, 돼지), 정어리, 연어, 녹황색 채소, 콩류, 달걀노른자, 말린 표고버섯

❺ 비타민E

활성산소를 억제한다.

|함유 식품| 호두, 식물성 기름, 콩, 가다랑어, 쑥갓, 호박

바이러스가 침입하는 경로인 점막을 강화하자!

고등어 볶음밥

재료

고등어
DHA, EPA가 풍부하다. 피부와 점막을 건강하게 유지하는 비타민B2도 함유한다.

달걀노른자
영양가가 높은 훌륭한 단백질원이다.

잡곡밥
비타민과 미네랄이 풍부한 에너지원이다.

쑥갓
비타민E를 함유한 녹황색 채소다.

당근
베타카로틴과 비타민C가 면역력을 높이고 감염증을 예방한다.

꼬투리 강낭콩
단백질과 탄수화물을 함유한 식품이다. 비타민C는 면역 기능을 돕는다.

만가닥버섯(백만송이버섯)
비타민D와 감칠맛을 내는 글루탐산을 함유한다.

참기름
에너지원.

만드는 방법

1. 고등어, 쑥갓, 당근, 꼬투리 강낭콩, 만가닥버섯을 먹기 좋은 크기로 썬다. 냄비에 참기름을 두른 뒤 달걀노른자를 넣고 잘 휘저어서 익힌다.
2. 냄비에 고등어와 잡곡밥, 채소를 넣고 골고루 익을 때까지 볶는다.
3. 30도 정도로 식히면 완성.

1

2

3

조리 POINT

재료를 기름에 볶으면 비타민A의 흡수율을 높일 수 있다. 비타민이 풍부한 채소와 DHA, EPA가 함유된 생선을 함께 요리하는 것을 추천한다.

1군 : 곡류 2군 : 육류, 생선, 달걀, 유제품 3군 : 채소, 해조류, 과일 α : 유지류 α : 풍미

면역력을 좋게 유지하고 감염증을 예방한다

가다랑어와 낫토가 들어간 메밀국수

재료

가다랑어
비타민B군과 단백질이 풍부하다. 건강한 몸을 만드는 데 좋은 식품이다.

메밀국수
모세혈관을 튼튼하게 하는 루틴이 들어 있다.

낫토
고단백 저칼로리 식품이다.

소송채
비타민C가 풍부하고 세포를 생성하는 아연도 들어 있어서 모든 음식에 활용할 수 있는 녹황색 채소다.

꼬투리 완두콩
베타카로틴과 비타민C를 함유한다.

호박
베타카로틴이 면역력을 높인다.

만드는 방법

1. 가다랑어, 소송채, 꼬투리 완두콩, 호박을 먹기 좋은 크기로 썬다.
2. 가다랑어와 호박을 냄비에 넣고 재료가 잠길 정도로 물을 부어서 끓인다. 국물이 끓기 시작하면 메밀국수를 적당한 크기로 잘라 넣는다.
3. 메밀국수가 부드러워지면 꼬투리 완두콩과 소송채를 넣고 충분히 익힌다. 30도 정도로 식혀서 그릇에 담고 낫토를 위에 얹는다.

조리 POINT

면역력이 제 기능을 하려면 체력이 뒷받침되어야 한다. 가다랑어와 낫토 등으로 양질의 단백질을 보충하고, 녹황색 채소로 면역력을 강화하는 비타민C를 섭취시키자.

1군 : 곡류 2군 : 육류, 생선, 달걀, 유제품 3군 : 채소, 해조류, 과일 α : 유지류 α : 풍미

비타민과 미네랄로 염증을 완화시킨다

재첩 육수로 끓인 닭고기 채소죽

재료

닭가슴살
피부와 점막을 건강하게 유지하는 비타민A와 비타민B2를 함유한 단백질원이다.

재첩
양질의 단백질원. 감칠맛을 내는 호박산을 함유한다.

현미밥
비타민과 미네랄이 풍부한 에너지원이다.

톳
부족해지기 쉬운 미네랄을 보충한다.

표고버섯
면역력을 높이는 글루칸이 함유되어 있다.

순무, 순무청
소화 효소인 아밀레이스가 함유되어 있다. 잎사귀 부분은 항산화 비타민이 풍부하다.

참기름
비타민E 공급원.

다시마가루, 멸치가루
미네랄 성분을 함유한다. 가루로 만들어 보관해두면 사용하기 편하다.

만드는 방법

1. 닭가슴살, 표고버섯, 순무청을 먹기 좋은 크기로 썬다. 톳은 잘게 썰고 순무는 갈아놓는다.
2. 냄비에 재첩, 다시마가루와 멸치가루를 넣은 뒤, 재료가 잠길 정도로 물을 붓고 끓여서 육수를 낸다.
3. 2에 현미밥, 닭고기, 톳, 표고버섯을 넣고 재료가 익을 때까지 푹 끓인다. 마지막으로 순무청을 넣어 잘 섞는다. 30도 정도로 식혀서 그릇에 담고 갈아놓은 순무와 참기름 1작은술을 위에 뿌린다.

조리 POINT

미네랄이 풍부한 해조류를 사용하자. 해조류는 소화가 잘되지 않으므로 가루로 만들거나 잘게 다져서 부드러워질 때까지 푹 끓인다.

1군 : 곡류 2군 : 육류, 생선, 달걀, 유제품 3군 : 채소, 해조류, 과일 α : 유지류 α : 풍미

비타민B군으로 면역 세포를 활성화하고 혈액순환을 촉진한다

돼지고기를 넣은 볶음밥

재료

돼지 넓적다리살
비타민B군이 풍부한 단백질원이다.

쌀밥
에너지원.

생강
대사를 좋게 하고 해독 효과가 있다. 생강 냄새를 줄이고 싶을 때는 오래 가열하면 된다.

피망
비타민C가 풍부하다. 비타민P도 함유되어 있어서 가열에 따른 비타민C의 손실이 적다.

당근
베타카로틴과 비타민C가 면역력을 높이고 감염증을 예방한다.

시금치
비타민과 미네랄이 풍부해서 활력소가 된다.

표고버섯
면역력을 높이는 글루칸이 들어 있다.

참깻가루
오메가3 지방산을 함유한다.

참기름
에너지원.

만드는 방법

1. 돼지 넓적다리살, 피망, 당근, 시금치, 표고버섯은 먹기 좋은 크기로 썰고, 생강은 갈아놓는다.
2. 냄비에 참기름을 두르고 1을 넣어서 볶다가 재료가 어느 정도 익으면 쌀밥을 넣고 함께 볶는다.
3. 2를 그릇에 담고 참깻가루를 위에 뿌린다.

조리 POINT

비타민C는 열에 약한 영양소이므로 녹황색 채소를 볶을 때는 오래 볶지 않도록 주의한다. 돼지고기는 비타민B군이 풍부하다. 하지만 생으로 먹으면 기생충 감염 위험이 있으니 반드시 가열 조리를 하자.

1군 : 곡류 2군 : 육류, 생선, 달걀, 유제품 3군 : 채소, 해조류, 과일 α : 유지류 α : 풍미

노폐물은 몸에 쌓인 후가 아니라 쌓이기 전에 배출시켜야 합니다

배설 불량

물이 괴면 상하듯이 체내에 쌓인 노폐물은 병을 일으킵니다. 소변과 대변을 잘 누는 것이 바로 애견이 건강하다는 증거입니다.

증상

소변의 색이 샛노랗고 체취와 구취, 소변 냄새가 지독합니다. 또 눈곱과 눈물 자국이 심하고, 귀지가 거무스름하고 끈적거리며 콧물도 흘립니다. 발가락 사이를 자주 핥는 행동도 보입니다.

원인

소변은 체내에서 생긴 노폐물을 배출하는 주된 경로입니다. 건강한 개는 수분을 충분히 섭취해서 소변(색이 연한 소변)으로 노폐물을 배출하지만, 수분 섭취량이 부족한 개는 노폐물이 몸속에 쌓이기 쉽습니다. 혈액순환 장애가 있는 개도 노폐물을 잘 배출하지 못합니다.

관리

체취는 약용 샴푸로 잡아줄 수 있습니다. 하지만 근본적인 원인을 먼저 찾아서 해결해야 합니다. 대사량이 향상되도록 산책을 자주 나가서 운동량을 늘려주세요. 물을 충분히 섭취해야 배설이 원활해집니다.

배설 불량에 효과적인 영양소 Best 5

❶ 사포닌

배설을 돕는다.

| 함유 식품 | 콩, 두부, 낫토, 된장, 비지

❷ 타우린

간 기능을 강화한다.

| 함유 식품 | 굴, 가리비, 바지락, 참치, 고등어, 전갱이, 정어리의 거무스름한 살 부분

❸ 안토시아닌

활성산소 생성을 억제한다.

| 함유 식품 | 가지, 팥, 검은콩, 적양배추, 자색 고구마

❹ 비타민C

감염증에 대한 저항력을 높인다.

| 함유 식품 | 무, 브로콜리, 콜리플라워, 호박, 소송채, 고구마, 피망, 파슬리, 동아, 배추

❺ 비타민E

감염증에 대한 저항력을 높인다.

| 함유 식품 | 호두, 식물성 기름, 콩, 두부, 가다랑어, 쑥갓, 참깻가루

 이뇨 작용으로 소변 배출을 돕는다

닭고기와 동아를 넣은 국

재료

닭가슴살
고단백 저지방 식품이다.

가리비
타우린이 풍부해 간 기능을 강화한다.

흑미밥
흑미에 안토시아닌이 들어 있다.

두부
사포닌이 들어 있고, 소화가 잘 되는 식물성 단백질원이다.

오이
수분과 칼륨이 풍부하며 이뇨 작용을 한다.

우엉
식이섬유가 풍부해 몸속 노폐물을 배출한다. 해독 효과도 있다.

동아
비타민C와 수분이 많아 이뇨 작용을 돕는다.

당근
베타카로틴과 비타민C가 면역력을 높이고 감염증을 예방한다.

다시마가루
미네랄 공급원. 가루로 만들어 두면 사용하기 편하다.

만드는 방법

1. 닭가슴살, 가리비, 우엉, 동아, 당근, 두부를 먹기 좋은 크기로 썬다.
2. 냄비에 1과 다시마가루, 흑미밥을 넣고 재료가 잠길 정도로 물을 부어서 골고루 익을 때까지 끓인다.
3. 30도 정도로 식혀서 그릇에 담고 갈아놓은 오이를 위에 얹는다.

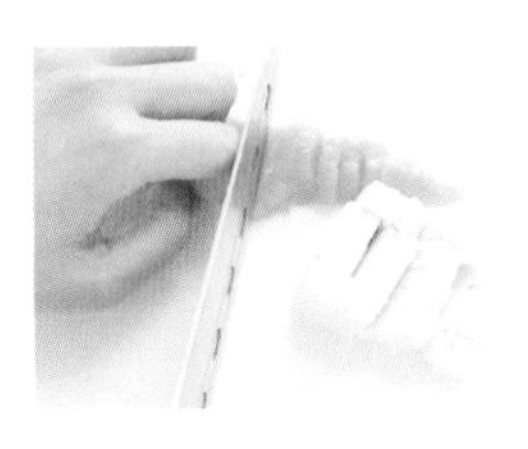
1

2

3

조리 POINT

사포닌과 칼륨 등을 함유하고 이뇨 효과가 있는 식재료를 사용한다. 국밥으로 만들어서 수분 섭취량을 늘리자.

1군 : 곡류 2군 : 육류, 생선, 달걀, 유제품 3군 : 채소, 해조류, 과일 α : 유지류 α : 풍미

수분을 듬뿍 섭취시켜서 노폐물을 배출시키자

참치 마파두부 덮밥

재료

참치
타우린을 함유한 단백질원이다.

쌀밥
에너지원.

두부
사포닌과 식물성 단백질이 풍부하다.

무
소화 효소인 아밀레이스를 함유한다.

당근
베타카로틴과 비타민C가 면역력을 높이고 감염증을 예방한다.

가지
안토시아닌이 함유된 껍질도 사용하자.

참기름
에너지원.

칡가루
위 점막을 보호한다.

만드는 방법

1. 참치, 무, 당근, 가지를 먹기 좋은 크기로 썰고, 두부는 한입 크기로 썬다.
2. 냄비에 참기름을 두른 뒤 1을 넣고 볶다가 재료가 잠길 정도로 물을 부어서 푹 끓인다.
3. 재료가 다 익으면 물에 갠 칡가루를 넣어 걸쭉하게 만들고, 그릇에 담아놓은 쌀밥 위에 붓는다.

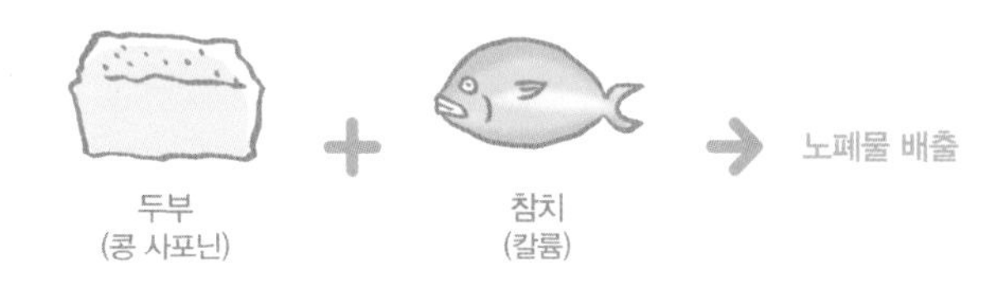

조리 POINT

언두부를 녹여서 쓰면 지방을 연소시키는 아미노산과 단백질의 함량이 많아진다. 칡가루나 녹말가루를 넣어 걸쭉하게 만들어주면 음식을 쉽게 먹을 수 있다. 물을 많이 넣어서 소변량을 증가시킨다. 배설을 돕는 사포닌은 콩이나 두부나 비지 등 콩 제품으로 섭취시키자.

1군 : 곡류 2군 : 육류, 생선, 달걀, 유제품 3군 : 채소, 해조류, 과일 α : 유지류 α : 풍미

체지방을 줄이고 노폐물이 체내에 쌓이는 것을 막는다

정어리와 톳이 들어간 우동

재료

정어리
타우린이 함유된 거무스름한 살 부분도 함께 사용한다.

우동
당질이 적은 에너지원이다.

비지
식물성 단백질을 함유한 고단백 저칼로리 식품이다.

톳
부족해지기 쉬운 미네랄을 보충한다.

팥
항산화 작용을 하는 안토시아닌이 함유되어 있다.

배추
비타민C가 이뇨 작용을 한다.

당근
베타카로틴과 비타민C가 면역력을 높이고 감염증을 예방한다.

된장
사포닌과 효소 등을 함유한 발효 식품이다.

참깻가루
비타민E 공급원.

만드는 방법

1. 정어리를 푸드 프로세서로 으깬 뒤 비지와 함께 잘 섞어 한입 크기로 둥글게 빚는다.
2. 톳, 배추, 당근, 우동은 먹기 좋은 크기로 썬다.
3. 냄비에 2와 삶은 팥을 넣은 다음, 재료가 잠길 정도로 물을 붓고 참깻가루를 뿌려서 끓인다. 된장은 1작은술 정도 넣는다.
4. 국물이 끓기 시작하면 1을 넣고 재료가 전부 익을 때까지 끓이면 완성.

조리 POINT

비지 같은 고단백 저지방 식품을 먹여 체지방을 줄이자. 등푸른생선과 식물성 기름으로 필수지방산을 섭취시킬 수 있다. 된장을 조금 넣으면 풍미를 더하고, 발효 식품 특유의 살아 있는 영양소를 섭취시킬 수 있다.

1군 : 곡류 2군 : 육류, 생선, 달걀, 유제품 3군 : 채소, 해조류, 과일 α : 유지류 α : 풍미

체내의 대사와 배설 능력을 향상시킨다

현미가 들어간 오이냉국

재료

전갱이
타우린을 함유한 단백질원으로 살의 거무스름한 부분도 함께 사용한다.

흑미를 섞은 현미밥
비타민과 미네랄이 풍부한 에너지원이다. 안토시아닌이 함유된 흑미를 더한다.

두부
사포닌이 들어 있고, 소화가 잘되는 식물성 단백질이다.

오이
수분과 칼륨이 풍부해 이뇨 작용을 한다.

청소엽(푸른 차조기)
비타민과 미네랄이 풍부하고 살균 작용 및 식욕 증진 효과도 있다.

소송채
베타카로틴과 비타민C가 풍부해 저항력을 높인다.

참깻가루
비타민E 공급원.

말린 멸치
타우린이 조개류에 맞먹을 정도로 풍부하다.

만드는 방법

1. 전갱이, 오이, 청소엽, 소송채는 먹기 좋은 크기로 썬다. 말린 멸치는 푸드 프로세서로 갈아놓는다.
2. 냄비에 전갱이, 말린 멸치, 손으로 으깬 두부를 넣고 재료가 잠길 정도로 물을 부어서 골고루 익을 때까지 끓인다. 여기에 소송채와 오이를 더해서 재료를 잘 섞는다.
3. 흑미를 섞어 부드럽게 지은 현미밥을 그릇에 담고 그 위에 2를 붓는다. 마지막으로 청소엽과 참깻가루를 뿌린다.

조리 POINT

나이아신이 함유된 전갱이와 현미로 대사를 돕는다. 철분이 부족하면 나이아신 결핍증을 일으킬 수 있으므로 철분이 함유된 풋나물(시금치나 소송채)을 함께 넣어 요리한다.

1군 : 곡류 2군 : 육류, 생선, 달걀, 유제품 3군 : 채소, 해조류, 과일 α : 유지류 α : 풍미

피부에 원인 모를 가려움증이 생겼다면 의심해보세요

아토피 피부염

만성이 되는 경우가 많지만 체내의 병원체를 제거하면 나을 수 있습니다.

증상

귀와 눈 주변, 발끝, 다리 안쪽 등 피부를 자주 긁고 힘이 없어 보입니다. 피부가 얇은 곳에서 주로 나타납니다. 가까이만 가도 냄새를 맡을 수 있을 정도로 체취를 풍깁니다. 피부가 빨갛게 부어오르거나 계속 긁어서 상처가 나고 심하면 짓무르기도 합니다. 악화되면 전신으로 퍼집니다.

원인

알레르기를 일으키는 성분이나 음식을 먹었거나 병원체에 감염되어 발병할 수 있습니다. 선천성일 경우 유전 탓이거나 모견의 출산길에서 병원체에 감염되었을 수도 있습니다.

관리

대사가 떨어지면 알레르기 증상을 보이기도 합니다. 산책을 자주 나가 운동량을 늘려주세요. 물을 많이 마실 수 있도록 음식에 신경 써주시고, 노폐물 배출에 좋은 음식을 자주 먹여주세요. 알레르기로 힘들어하는 아이들은 대부분 장이 안 좋은 경우가 많습니다. 칡으로 장속을 관리해주는 방법도 좋습니다.

아토피 피부염에 효과적인 영양소 Best 5

❶ 글루타티온

독소를 세포 밖으로 배출하고
피부의 염증을 완화한다.

| 함유 식품 | 호박, 브로콜리, 아스파라거스, 감자, 토마토, 소 사태살, 간(소, 돼지, 닭), 돼지 등심살

❷ DHA, EPA

면역력을 좋게 유지하고
염증을 억제한다.

| 함유 식품 | 정어리, 꽁치, 전갱이, 방어, 고등어, 말린 멸치, 뱅어포, 바지락

❸ 타우린

간 기능을 강화한다.

| 함유 식품 | 참치, 고등어, 정어리, 전갱이, 붉은 살 생선의 거무스름한 살 부분, 가리비, 굴, 바지락, 말린 멸치

❹ 비타민B6

간에 지방이 쌓이는 것을 막는다.

| 함유 식품 | 돼지 넓적다리살, 정어리, 연어, 고등어, 참치, 바나나, 소 간, 참깨, 낫토, 달걀

❺ 비오틴

피부를 건강하게 유지한다.

| 함유 식품 | 현미, 밀 배아, 달걀노른자, 콩, 견과류, 참깨, 콩가루

 피부의 염증을 억제하고 증상을 개선한다

정어리가 들어간 토마토 수프

재료

정어리
DHA, EPA, 비타민B군이 풍부한 단백질원이다.

코티지치즈
풍미를 더해서 입맛을 돋운다.

쌀밥
에너지원.

브로콜리
글루타티온을 함유한다. 비타민C가 면역력을 높인다.

토마토
글루타티온과 항산화물질인 리코펜을 함유한다.

콩
피부의 건강을 유지하는 비오틴이 함유되어 있다.

마늘
살균 효과가 있다.

올리브유
에너지원.

만드는 방법

1. 정어리, 브로콜리, 토마토는 먹기 좋은 크기로 썰고, 마늘 반쪽은 갈아놓는다. 콩은 삶는다.
2. 냄비에 올리브유를 두르고 마늘과 정어리를 넣어 볶는다. 어느 정도 익으면 토마토, 삶은 콩을 넣고 물 100ml를 부어서 끓인다.
3. 마지막으로 쌀밥과 브로콜리를 넣어서 끓인 뒤 그릇에 담고, 코티지치즈를 위에 올린다.

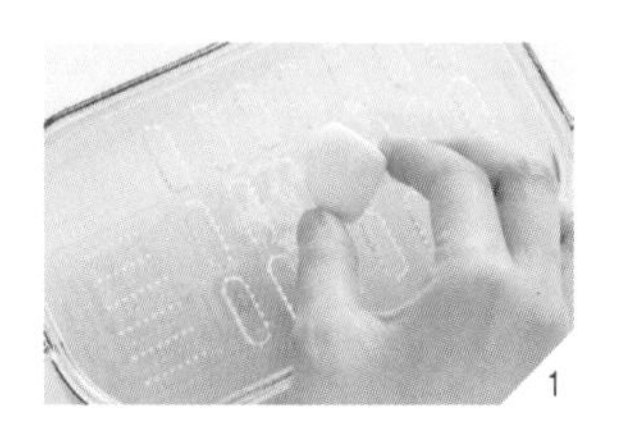
1

2

3

조리 POINT

마늘을 먹여서 균을 없애주자. 단, 대량으로 섭취시키면 빈혈을 일으킬 우려가 있으므로 날마다 먹이지 않도록 한다.

1군 : 곡류 2군 : 육류, 생선, 달걀, 유제품 3군 : 채소, 해조류, 과일 α : 유지류 α : 풍미

 노폐물 배출을 도와 증상을 완화시키자

꽁치와 뿌리채소를 넣은 국

재료

꽁치
DHA, EPA를 함유한 단백질원이다.

가리비
타우린이 풍부하다.

감자
피부의 염증을 억제하는 글루타티온이 함유된 에너지원이다.

아스파라거스
아스파라긴산으로 자양강장 효과를 볼 수 있다. 세포를 생성하는 엽산과 피부의 염증을 억제하는 글루타티온이 함유되어 있다.

호박
베타카로틴이 면역력을 높인다.

연근
식이섬유가 풍부하다. 채소에서 흔히 볼 수 없는 비타민B군이 들어 있다.

우엉
풍부한 식이섬유로 해독을 하고, 장속의 노폐물을 배출한다.

참깻가루
비타민B6와 비타민E를 함유한다.

만드는 방법

1. 꽁치, 가리비, 감자, 아스파라거스, 호박, 연근, 우엉을 먹기 좋은 크기로 썬다.
2. 냄비에 1을 넣고 재료가 잠길 정도로 물을 부어서 끓인다.
3. 2를 그릇에 담고 참깻가루를 위에 뿌린다.

조리 POINT

뿌리채소는 소화가 잘되지 않으므로 잘게 썰어서 부드러워질 때까지 푹 끓인다. 식이섬유가 풍부한 뿌리채소로 증상을 완화시킨다.

1군 : 곡류 2군 : 육류, 생선, 달걀, 유제품 3군 : 채소, 해조류, 과일 α : 유지류 α : 풍미

장속을 깨끗이 해서 피부를 건강하게 한다

두유 소스를 얹은 달걀 볶음밥

재료

달걀
아미노산의 균형이 잘 잡힌 단백질원이다. 달걀노른자는 비오틴이 풍부하다.

돼지 등심살
비타민B군이 풍부한 단백질원이다.

쌀밥
에너지원.

두유
식물성 단백질을 비롯해서 비타민B군, 비타민E를 함유한다.

양상추
비타민C와 위 점막을 보호하는 비타민U가 들어 있다.

순무, 순무청
소화 효소인 아밀레이스를 함유한다. 잎사귀에는 항산화 비타민이 풍부하다.

파프리카
비타민B6와 베타카로틴과 비타민C가 함유되어 있어 면역력을 높인다.

참기름
에너지원.

멸치가루
DHA, EPA와 타우린 공급원으로 사용한다.

칡가루
위 점막을 보호한다.

만드는 방법

1. 양상추, 순무, 순무청, 파프리카를 먹기 좋은 크기로 썬다.
2. 냄비에 참기름을 두르고 달걀과 쌀밥을 넣어서 함께 볶은 뒤 그릇에 담는다.
3. 같은 냄비에 1과 돼지 등심살, 멸치가루, 물 100ml, 두유를 넣고 끓인다. 물에 갠 칡가루를 넣고 걸쭉하게 만들어서 그릇에 담아놓은 볶음밥 위에 붓는다.

조리 POINT

찬 음식보다 따뜻한 음식을 먹여서 위에 주는 부담을 줄이자. 음식은 너무 뜨겁지 않게 30도 정도로 식혀서 먹인다. 양상추와 칡가루로 위 점막을 보호하는 데 좋다.

1군 : 곡류 2군 : 육류, 생선, 달걀, 유제품 3군 : 채소, 해조류, 과일 α : 유지류 α : 풍미

 글루타티온은 병원체를 제거하고 세포를 보호한다

돼지고기를 넣은 바지락 국밥

재료

돼지 넓적다리살
비타민B군이 풍부한 단백질원이다.

잡곡밥
에너지원.

시금치
비타민과 미네랄이 풍부해서 활력소가 된다.

호박
베타카로틴이 면역력을 높인다.

당근
베타카로틴과 비타민C를 함유한다. 피부의 건강을 유지하고 면역력을 향상시키는 데 효과적이다.

무
소화 효소인 아밀레이스를 함유한다.

콩가루
비오틴이 함유된 콩을 원료로 하며 고명으로 사용하기 편한 식품이다.

김
부족해지기 쉬운 미네랄을 보충한다.

바지락
육수를 내서 입맛을 돋운다. 타우린과 감칠맛을 내는 호박산이 함유되어 있다.

만드는 방법

1. 돼지 넓적다리살, 시금치, 당근, 호박을 먹기 좋은 크기로 썬다. 김은 잘게 자른다.
2. 냄비에 바지락을 넣은 뒤, 바지락이 잠길 정도로 물을 붓고 끓여서 육수를 낸다. 바지락은 껍데기를 제거하고 살을 발라서 육수에 다시 넣는다. 여기에 1과 잡곡밥을 넣고 끓인다.
3. 2를 그릇에 담고 갈아놓은 무와 콩가루와 잘게 자른 김을 위에 올린다.

조리 POINT

무는 생으로 갈아 넣는다. 무의 소화 효소가 소화를 돕는다. 바지락은 해감을 하고 잘 닦은 뒤 사용하자.

1군 : 곡류 2군 : 육류, 생선, 달걀, 유제품 3군 : 채소, 해조류, 과일 α : 유지류 α : 풍미

원인을 찾아서 체질을 개선시키고 디톡스를 해줍시다!

암, 종양

일반적으로 면역력이 떨어져서 증상이 나타난다고 하지만, 병원체 감염을 치료하거나 혈액순환 장애를 개선하면 나아지기도 합니다.

증상

유방(유선종양)이나 피부에 응어리가 생깁니다. 다리를 질질 끄는 골육종도 나타납니다. 또 림프샘이 붓는 악성 림프종이나 혈액 속에 비정상적인 백혈구가 증가하는 백혈병이 생깁니다. 열이 나거나 면역력이 떨어졌다면 백혈병의 증상일 수 있습니다.

원인

특정 원인은 없으나 화학물질 및 중금속 오염, 병원체 감염, 징진기나 전자파의 영향, 정신적 스트레스 등이 복잡하게 얽혀서 생긴다는 설이 있습니다. 저는 종양이 여러 노폐물이 축적되어 나타난 형태라 봅니다. 체내 노폐물을 배출하면 종종 암의 퇴축이 일어나기 때문이죠.

관리

노폐물을 제거하는 방법으로 암 치료에 접근할 수 있습니다. 체내 노폐물을 배출하는 데 신경 쓰는 동시에 면역력을 높이는 비타민이나 항산화 식품을 많이 먹여주세요.

암, 종양에 효과적인 영양소 Best 5

❶ 엽산

세포의 정상적인 생성을 촉진한다.

|함유 식품| 시금치, 브로콜리, 감자, 콩, 낫토, 파프리카, 간(소, 돼지, 닭)

❷ 미네랄

세포가 정상적으로 기능하게 돕는다.

|함유 식품| 뱅어포, 벚꽃새우, 콩, 해조류, 현미, 율무

❸ DHA, EPA

혈액순환을 촉진한다.

|함유 식품| 정어리, 꽁치, 가다랑어, 연어, 전갱이, 방어, 고등어, 말린 멸치

❹ 비타민B6

간에 지방이 쌓이는 것을 막는다.

|함유 식품| 돼지 넓적다리살, 정어리, 연어, 고등어, 가지, 참치, 바나나, 소 간, 참깨, 낫토

❺ 비타민B12

엽산의 기능을 돕는다.

|함유 식품| 재첩, 바지락, 가다랑어, 연어, 꽁치, 정어리, 고등어, 말린 멸치

가다랑어와 녹황색 채소를 넣은 카레

재료

가다랑어
DHA, EPA가 풍부한 단백질원이다.

닭 간
세포의 정상적인 기능을 촉진하는 엽산이 함유되어 있으며, 많은 개가 좋아한다.

현미밥(또는 쌀밥)
에너지원. 비타민E가 항산화 작용을 한다.

콜리플라워
비타민C가 풍부한 채소다.

당근
베타카로틴과 비타민C가 면역력을 높이고 감염증을 예방한다.

브로콜리
비타민C의 함유량이 다른 채소보다 훨씬 많다.

가지
항산화물질인 나스닌이 함유되어 있다. 껍질을 함께 사용한다.

호박
베타카로틴이 면역력을 높인다.

울금(강황)가루
간 기능을 강화한다.

녹말가루
음식을 쉽게 먹을 수 있도록 걸쭉하게 만든다.

만드는 방법

1. 가다랑어, 닭 간, 콜리플라워, 당근, 브로콜리, 가지, 호박을 먹기 좋은 크기로 썬다.
2. 냄비에 1과 울금가루를 적당히 넣고 재료가 잠길 정도로 물을 부어서 푹 끓인다. 재료가 다 익으면 물에 갠 녹말가루를 넣어 걸쭉하게 만든다.
3. 밥을 그릇에 담고 완성된 카레를 위에 붓는다.

1

2

3

조리 POINT

에너지원인 당질과 몸의 세포를 만드는 단백질을 섭취시켜서 체력을 향상시킨다.

1군 : 곡류 2군 : 육류, 생선, 달걀, 유제품 3군 : 채소, 해조류, 과일 α : 유지류 α : 풍미

혈액순환을 촉진해서 치유력을 높인다

낫토와 나도팽나무버섯을 넣은 국

재료

고등어
DHA, EPA가 풍부한 단백질원이다.

율무밥
체력을 향상시키는 효과가 있다. 비타민과 미네랄이 풍부한 에너지원이다.

낫토
스태미나를 강화하며 특히 낫토균에 효소가 많이 들어 있다.

나도팽나무버섯(맛버섯)
항암 작용이 있으며 베타글루칸이 들어 있다.

참마
대사를 촉진하고 소화 흡수를 돕는다.

꼬투리 강낭콩
단백질과 탄수화물을 함유한 식품이다. 비타민C가 면역 기능을 돕는다.

미역
부족해지기 쉬운 미네랄을 보충한다.

된장
사포닌과 효소 등을 함유한 발효 식품이다.

뱅어포
풍미를 더해서 입맛을 돋운다.

만드는 방법

1. 고등어, 꼬투리 강낭콩, 미역은 먹기 좋은 크기로 썰고, 참마는 갈아놓는다.
2. 냄비에 고등어, 뱅어포, 나도팽나무버섯, 미역을 넣고 재료가 잠길 정도로 물을 부어서 끓인다.
3. 2가 어느 정도 익으면 율무밥과 꼬투리 강낭콩, 된장 1작은술을 넣고 다시 끓인다. 마지막으로 참마와 낫토를 더해서 잘 섞으면 완성.

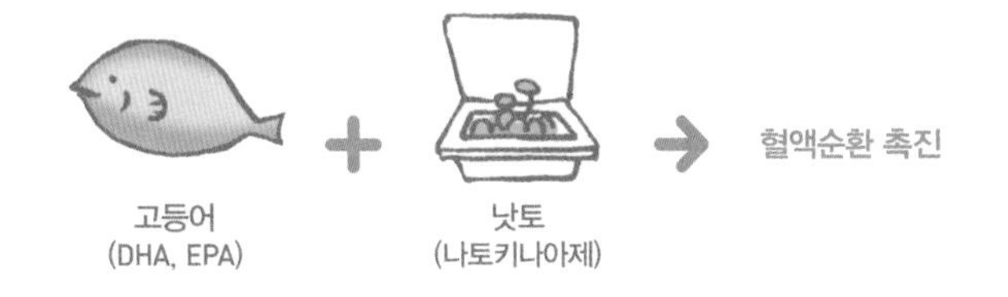

조리 POINT

DHA, EPA를 함유한 등푸른생선과 수분이 많은 음식을 함께 먹여 혈액순환을 촉진하고 노폐물을 배출시킨다. 등푸른생선은 제철 생선을 선택하자.

1군 : 곡류 2군 : 육류, 생선, 달걀, 유제품 3군 : 채소, 해조류, 과일 α : 유지류 α : 풍미

항산화물질로 면역력을 강화한다

연어와 시금치를 넣은 토마토 리소토

재료

연어
항산화물질인 아스타잔틴을 함유한다.

현미밥
에너지원. 비타민E가 항산화 작용을 한다.

토마토
항산화물질인 리코펜과 비타민 B6를 함유한다.

양배추
항산화물질인 플라보노이드, 페록시다아제(과산화효소)와 함께 위장 장애에 효과적인 비타민U를 함유한다.

파프리카
엽산과 베타카로틴을 함유한다. 피망의 쓴맛을 싫어하는 개에게 추천한다.

잎새버섯
면역력을 강화하는 베타글루칸이 함유되어 있다.

시금치
엽산을 함유한다. 비타민과 미네랄도 풍부해서 활력소가 된다.

올리브유
에너지원.

만드는 방법

1. 연어, 토마토, 양배추, 파프리카, 잎새버섯, 시금치를 먹기 좋은 크기로 썬다.
2. 냄비에 올리브유를 두르고 1과 현미밥을 볶는다.
3. 재료가 잠길 정도로 물을 붓고 부드러워질 때까지 푹 끓이면 완성.

조리 POINT

녹황색 채소는 항산화물질이 풍부하다. 베타글루칸이 함유된 버섯을 함께 섭취시키면 더 효과적이다.

1군 : 곡류 2군 : 육류, 생선, 달걀, 유제품 3군 : 채소, 해조류, 과일 α : 유지류 α : 풍미

 몸속에 쌓인 노폐물을 배출시키자

돼지고기를 넣은 뿌리채소죽

재료

돼지 넓적다리살
비타민B군이 풍부한 단백질원이다.

감자
칼륨이 몸속에 남아 있는 나트륨을 배출한다. 감자의 비타민C는 가열해도 잘 파괴되지 않는다.

고구마
가열해도 잘 파괴되지 않는 비타민C와 비타민E를 함유한다. 식이섬유로 변비를 해소한다.

아스파라거스
비타민이 풍부하다. 아스파라긴산에는 자양강장 효과가 있다.

삶은 콩
엽산과 비타민B6를 함유한다.

당근
베타카로틴과 비타민C가 면역력을 높이고 감염증을 예방한다.

우엉
식이섬유가 풍부해서 몸속에 남아 있는 노폐물을 배출하는 데 좋다.

다시마가루
부족해지기 쉬운 미네랄을 보충한다.

말린 멸치
DHA, EPA를 함유한다. 감칠맛을 더한다.

만드는 방법

1. 돼지 넓적다리살, 감자, 고구마, 아스파라거스, 당근, 우엉을 먹기 좋은 크기로 썬다.
2. 냄비에 1과 콩, 다시마가루, 말린 멸치를 넣은 뒤, 재료가 잠길 정도로 물을 붓고 채소가 부드러워질 때까지 푹 끓인다. 끓이다가 물이 부족해지면 물을 더 넣는다.
3. 그릇에 담으면 완성.

조리 POINT

식이섬유가 풍부한 채소를 먹이면 장속을 깨끗하게 청소할 수 있다. 채소는 부드러워질 때까지 푹 끓여서 감칠맛을 높이자. 소화도 잘된다.

1군 : 곡류 2군 : 육류, 생선, 달걀, 유제품 3군 : 채소, 해조류, 과일 α : 유지류 α : 풍미

pH 수치보다 병원체 감염 등의 염증 예방에 신경 씁시다!

방광염, 요로결석

소변의 pH 수치는 먹는 음식에 따라 달라집니다. 결석이 생기는 원인은 요로 감염증이며, 소변의 pH나 음식의 미네랄은 근본적인 원인이 아닙니다.

증상

피가 섞이거나 진한 노란색의 소변, 악취가 심한 소변을 봅니다. 화장실에 자주 가지만 가는 횟수에 비해 소변량이 적으며 음부를 자주 핥습니다. 열이 오르고 식욕이 떨어집니다. 힘이 없어지며 물을 많이 마십니다.

원인

대부분 병원체가 요도로 침입하여 방광에서 염증을 일으킵니다. 방광염은 주로 만성이 되고, 세균 감염이 퍼져서 신우신염에 걸리기도 합니다. 간혹 신장이 병원체에 감염되거나 혈액 등 체액으로 감염되기도 합니다. 후자는 치주 질환이 원인일 수 있습니다. 방광과 신장에 세균 감염을 예방하는 기능이 있지만 면역력이 떨어지고 몸속 수분이 적을 때 감염이 되곤 합니다.

관리

애견의 소변을 자주 확인해 진한 노란색이 아닌지 봐주세요. 평소에 수분을 잘 섭취할 수 있도록 신경 써주세요. 배설이 원활하면 병에 걸릴 위험이 줄어듭니다. 결석은 종류에 따라서 차를 마시면 용해되기도 합니다.

방광염, 요로결석에 효과적인 영양소 Best 5

❶ 비타민 A, 베타카로틴

점막을 강화한다.

|함유 식품| 간(소, 돼지, 닭), 달걀노른자, 시금치, 소송채, 당근, 호박, 청소엽(푸른 차조기)

❷ DHA, EPA

면역력을 좋게 유지하고
염증을 억제한다.

|함유 식품| 정어리, 꽁치, 대구, 전갱이, 방어, 고등어, 뱅어포

❸ 비타민C

면역력을 높인다.

|함유 식품| 무, 브로콜리, 콜리플라워, 호박, 소송채, 고구마, 피망, 파슬리, 배추, 토마토

❹ 비타민E

활성산소를 억제한다.

|함유 식품| 호두, 식물성 기름, 콩, 가다랑어, 쑥갓, 호박

❺ 비타민B2

피부와 점막을
건강하게 유지한다.

|함유 식품| 유제품, 간(소, 돼지), 정어리, 연어, 꽁치, 대구, 풋콩, 녹황색 채소, 콩류, 달걀노른자

맛있는 국이 특효약이다!

달걀을 풀어 넣은 국밥

재료

달걀
비타민A를 함유하며 아미노산의 균형이 잘 잡힌 단백질원이다.

율무밥
이뇨 작용을 하는 에너지원이다.

두부
콩의 영양분을 함유하며 수분이 많은 식물성 단백질이다.

우엉
식이섬유가 풍부해서 몸속에 남아 있는 노폐물을 배출한다.

생강
몸을 따뜻하게 하고 식욕을 증진시키며 해독 작용도 있다.

배추
비타민C가 이뇨 작용을 한다.

풋콩
콩과 채소의 영양을 겸비한 식품이다. 이뇨 작용을 촉진하는 칼륨도 풍부하다.

호두
비타민E 공급원.

뱅어포
칼슘 공급원. 육수를 내서 감칠맛을 더한다.

가다랑어포
육수를 내서 맛을 더한다.

만드는 방법

1. 우엉, 생강, 배추, 두부, 호두를 먹기 좋은 크기로 썬다. 냄비에 물 300ml, 뱅어포, 가다랑어포를 넣고 끓인다.
2. 육수가 끓기 시작하면 1과 풋콩, 율무밥을 넣는다. 채소가 부드러워질 때까지 푹 끓이다가 달걀을 풀어 넣는다.
3. 달걀이 익을 때까지 끓이면 완성.

1

2

3

조리 POINT

뱅어포와 가다랑어포로 만든 국밥을 주자. 충분한 수분을 섭취시킬 수 있다.

1군 : 곡류 2군 : 육류, 생선, 달걀, 유제품 3군 : 채소, 해조류, 과일 α : 유지류 α : 풍미

체내에 쌓인 독소를 배출시키자

청소엽으로 풍미를 더한 꽁치 채소죽

재료

꽁치
DHA, EPA를 함유한 단백질원이다.

현미밥
에너지원.

연근
비타민C가 면역력을 강화한다. 소화 작용을 하는 타닌도 함유되어 있다.

청소엽(푸른 차조기)
베타카로틴이 풍부하다. 식욕을 증진시키는 효과가 있다.

호박
베타카로틴이 면역력을 높인다.

아스파라거스
비타민이 풍부하다. 아스파라긴산은 자양강장 효과가 있다.

표고버섯
비타민B2가 점막 강화를 돕는다.

다시마가루
부족해지기 쉬운 미네랄을 보충한다.

만드는 방법

1. 꽁치, 연근, 호박, 아스파라거스, 표고버섯을 먹기 좋은 크기로 썬다.
2. 냄비에 1과 현미밥, 다시마가루를 넣고 재료가 잠길 정도로 물을 부어서 끓인다.
3. 연근이 부드러워지면 불을 끄고 채를 썬 청소엽을 넣어서 잘 섞는다.

조리 POINT

소변으로 독소를 배출시키려면 물을 듬뿍 넣는다. 특히 물을 적게 마시는 반려견에게는 채소죽을 추천한다. 맛있는 밥으로 수분을 충분히 섭취시키자.

1군 : 곡류 2군 : 육류, 생선, 달걀, 유제품 3군 : 채소, 해조류, 과일 α : 유지류 α : 풍미

녹황색 채소로 세균을 물리치자

명주다시마를 넣은 채소죽

재료

대구
비타민B2와 비타민E를 함유한 단백질원이다.

쌀밥
에너지원.

소송채
베타카로틴과 비타민C가 풍부하다. 저항력을 강화한다.

양상추
비타민C와 위 점막을 보호하는 비타민U가 들어 있다.

콜리플라워
비타민C가 풍부하다.

당근
베타카로틴과 비타민C가 면역력을 높이고 감염증을 예방한다.

토마토
몸속에 남아 있는 염분을 배출하는 칼륨이 함유되어 있다.

참기름
에너지원.

명주다시마
미네랄이 들어 있으며 감칠맛을 더한다.

만드는 방법

1. 대구, 소송채, 양상추, 콜리플라워, 당근, 토마토를 먹기 좋은 크기로 썬다.
2. 냄비에 참기름을 두르고 대구, 소송채, 콜리플라워, 당근을 함께 볶은 후, 재료가 잠길 정도로 물을 붓고 끓인다.
3. 2에 쌀밥과 명주다시마를 넣고 끓이다가 재료가 다 익으면 양상추와 토마토를 넣는다.

조리 POINT

지용성 비타민과 수용성 비타민을 효과적으로 섭취시키려면 베타카로틴과 비타민C가 함유된 녹황색 채소를 기름에 볶은 뒤 푹 끓이는 것이 좋다.

1군 : 곡류 2군 : 육류, 생선, 달걀, 유제품 3군 : 채소, 해조류, 과일 α : 유지류 α : 풍미

비타민A로 방광의 점막을 강화한다

라따뚜이 파스타

재료

닭 간
비타민A가 풍부한 단백질원이다.

닭고기
피부와 점막을 건강하게 유지하는 비타민A가 함유되어 있다. 필수 아미노산의 균형도 좋다.

마카로니
에너지원.

당근
베타카로틴과 비타민C가 면역력을 높이고 감염증을 예방한다.

호박
베타카로틴이 면역력을 높인다.

토마토
몸속에 남아 있는 염분을 배출하는 칼륨이 함유되어 있다.

셀러리
칼륨이 풍부해 이뇨 효과가 있다.

가지
칼륨이 풍부해 이뇨 효과가 있다.

파슬리
베타카로틴을 함유한다.

올리브유
에너지원.

뱅어포
칼슘과 DHA, EPA가 풍부하다.

만드는 방법

1. 닭 간, 당근, 호박, 토마토, 셀러리, 가지는 먹기 좋은 크기로 썬다. 마카로니는 삶고, 닭고기는 갈아놓는다.
2. 냄비에 올리브유를 두르고 닭 간과 갈아놓은 닭고기를 볶는다. 고기가 어느 정도 익으면 마카로니와 채소, 뱅어포를 넣고 물 100ml를 부어서 푹 조린다.
3. 마지막으로 잘게 다진 파슬리를 위에 뿌리면 완성.

조리 POINT

지용성 비타민을 섭취시킬 때는 볶음 요리가 기본이다. 비타민A를 효과적으로 섭취시키려면 먼저 기름으로 볶아야 한다는 것을 잊지 말자.

1군 : 곡류 2군 : 육류, 생선, 달걀, 유제품 3군 : 채소, 해조류, 과일 α : 유지류 α : 풍미

원인을 모를 때는 병원체 감염 때문일 수 있습니다!

소화기 질환, 장염

식사를 바꾸기만 해도 호전되는 소화기 질환이 있는가 하면, 병원체의 복합 감염으로 만성이 되기도 하므로 검사를 해봐야 합니다.

증상

구토를 반복하거나 설사, 탈수, 식욕 저하, 체중 감소, 빈혈 증상을 보입니다. 자주 트림을 하거나 배에서 소리가 날 때도 있습니다. 토혈을 하거나 혈변을 보기도 합니다. 구취가 심하고 물을 자주 마시거나 힘이 없으며 젤리 상태의 점액변을 보면 소화기 질환을 의심할 수 있습니다.

원인

상한 음식이나 독극물 등을 먹었거나 특정 음식에 대한 과잉 반응 또는 세균, 바이러스, 기생충, 원충, 곰팡이 등의 병원체 감염, 과식, 약 부작용 등을 원인으로 볼 수 있습니다. 기생충 등의 병원체를 내보내려고 장이 수축하고 설사를 하기도 합니다.

관리

소화기 질환은 주로 예민한 개가 잘 걸립니다. 스킨십으로 스트레스를 풀어주세요. 마사지는 혈액순환에 좋아 면역력도 높여줄 수 있습니다. 설사할 때는 체온이 잘 떨어지니 몸을 따뜻하게 해주세요.

소화기 질환, 장염에 효과적인 영양소 Best 5

❶ 비타민A, 베타카로틴

점막을 강화한다.

|함유 식품| 간(소, 돼지, 닭), 달걀노른자, 시금치, 소송채, 당근, 호박, 파래

❷ 비타민U

손상된 위 점막을 보호한다.

|함유 식품| 양배추, 양상추, 아스파라거스, 셀러리, 파래

❸ 식이섬유

장속을 깨끗하게 한다.

|함유 식품| 우엉, 양배추, 해조류, 강낭콩, 오크라, 호박, 브로콜리

❹ 비타민B12

빈혈을 예방한다.

|함유 식품| 재첩, 바지락, 꽁치, 돼지고기, 달걀, 연어, 정어리, 고등어, 김, 파래

❺ 아연

세포를 생성한다.

|함유 식품| 돼지 넓적다리살, 달걀, 가자미, 연어, 굴, 소 넓적다리살, 참깨, 간(소, 돼지), 콩, 김, 파래

설사나 구토로 생기는 탈수를 막는다

두유를 넣은 돼지고기 배추 국밥

재료

돼지 넓적다리살
비타민B군이 풍부한 단백질원이다.

쌀밥
에너지원.

두유
소화 흡수가 잘되는 식물성 단백질이다.

배추
비타민C가 이뇨 작용을 한다. 부드러워질 때까지 끓이면 소화가 잘된다.

꼬투리 강낭콩
단백질과 탄수화물을 함유한 식품이다. 비타민C는 면역 기능을 돕는다.

당근
베타카로틴과 비타민C가 면역력을 높이고 감염증을 예방한다.

순무
소화 효소인 아밀레이스를 함유한다.

양상추
비타민C와 위 점막을 보호하는 비타민U가 들어 있다.

만드는 방법

1. 돼지 넓적다리살, 배추, 꼬투리 강낭콩, 당근, 순무, 양상추를 먹기 좋은 크기로 썬다.
2. 냄비에 돼지고기를 넣고 표면의 색이 변할 때까지 익힌다.
3. 재료가 잠길 정도로 두유를 붓고, 쌀밥을 넣는다. 채소가 부드러워질 때까지 끓이면 완성.

1

2

3

조리 POINT

장을 깨끗하게 하려면 식이섬유가 풍부한 채소를 주자. 채소는 소화가 잘되도록 부드러워질 때까지 푹 끓인다. 고기는 지방이 많은 부분을 빼고 주는 게 좋다.

1군 : 곡류 2군 : 육류, 생선, 달걀, 유제품 3군 : 채소, 해조류, 과일 α : 유지류 α : 풍미

비타민U와 효소로 소화를 돕는다

무를 갈아 넣은 가자미 무침

재료

가자미
고단백 저지방 식품이다.

잡곡밥
에너지원.

양배추
비타민U가 위 점막의 대사를 활발하게 한다.

당근
베타카로틴과 비타민C가 면역력을 높이고 감염증을 예방한다.

꼬투리 완두콩
베타카로틴과 비타민C를 함유한다.

시금치
베타카로틴이 들어 있다. 비타민과 미네랄이 풍부해서 활력소가 된다.

무
소화 효소인 아밀레이스를 함유한다.

톳
부족해지기 쉬운 미네랄을 보충한다.

김
비타민B12와 아연이 풍부하다.

만드는 방법

1. 가자미, 양배추, 당근, 꼬투리 완두콩, 시금치, 톳을 먹기 좋은 크기로 썬다. 무는 갈아놓고, 김은 잘게 썬다.
2. 냄비에 1과 잡곡밥을 넣고 재료가 잠길 정도로 물을 부어서 골고루 익을 때까지 끓인다.
3. 완성되면 30도 정도로 식혀서 무와 김을 넣고 잘 섞는다.

조리 POINT

지방분이 적고 소화가 잘되는 흰 살 생선을 사용한다. 도미, 넙치, 대구, 가자미 등을 추천한다.

1군 : 곡류 2군 : 육류, 생선, 달걀, 유제품 3군 : 채소, 해조류, 과일 α : 유지류 α : 풍미

참마의 끈적끈적한 점성이 위 점막을 보호한다

참마를 얹은 참치 덮밥

재료

참치
지방분이 적은 붉은 살을 사용한다.

재첩
비타민B12와 감칠맛을 내는 호박산이 간 기능을 강화한다.

찹쌀밥
찹쌀과 견과류를 함께 섭취하면 소화 기관이 튼튼해지고 장의 기능이 좋아진다.

참마
끈적끈적한 점성이 위를 보호한다.

파래
부족해지기 쉬운 미네랄을 보충한다.

오크라
식이섬유와 정장 작용을 하는 펙틴이 함유되어 있다.

참깻가루
아연과 비타민E를 함유한다.

칡가루
위 점막을 보호한다.

만드는 방법

1. 참치와 오크라는 먹기 좋은 크기로 썰고, 참마는 갈아 놓는다. 찹쌀밥은 백미와 찹쌀을 9 : 1 비율로 섞어서 짓는다.
2. 냄비에 재첩을 넣고 끓여서 육수를 낸다. 재첩은 껍데기를 제거하고 살을 발라서 육수에 다시 넣는다. 참치를 육수에 넣고 끓이다가 어느 정도 익으면 물에 갠 칡가루를 넣어서 걸쭉하게 만든다.
3. 찹쌀밥을 그릇에 담아서 파래, 오크라, 참깻가루, 갈아 놓은 참마를 위에 얹고 2를 붓는다.

조리 POINT

참치가 신선할 때는 생으로 사용해도 된다. 참마에 함유된 소화 효소는 열에 약하므로 생으로 사용한다. 칡가루로 걸쭉하게 만들어서 먹이면 위를 보호할 뿐만 아니라 장을 깨끗하게 한다.

1군 : 곡류 2군 : 육류, 생선, 달걀, 유제품 3군 : 채소, 해조류, 과일 α : 유지류 α : 풍미

몸을 따뜻하게 하고 위에 주는 자극을 줄인다

연어 포테이토 수프

재료

연어
비타민B12를 함유한 단백질원이다.

코티지치즈
영양가가 높고 지방이 적다.

감자
감자의 비타민C는 가열해도 잘 파괴되지 않는다. 비타민C는 위 점막을 정상적으로 회복시킨다.

브로콜리
다른 채소보다 비타민C가 훨씬 많다.

토마토
몸속에 남아 있는 염분을 배출하는 칼륨이 들어 있다.

아스파라거스
비타민이 풍부하다. 아스파라긴산에는 자양강장 효과가 있다.

호박
베타카로틴이 면역력을 높인다.

생강
몸을 따뜻하게 하고 해독 작용을 한다.

만드는 방법

1. 연어, 감자, 브로콜리, 토마토, 아스파라거스, 호박은 먹기 좋은 크기로 썰고, 생강은 갈아놓는다.
2. 냄비에 물을 붓고 1을 넣어서 감자가 부드러워질 때까지 끓인다.
3. 그릇에 담아서 30도 정도로 식힌 다음 코티지치즈를 위에 올린다.

조리 POINT

재료는 소화가 잘되도록 잘게 썰어서 부드러워질 때까지 끓인다. 식힌 뒤에 먹이면 위에 주는 부담을 덜 수 있다. 음식이 차가울 때는 따뜻하게 데워서 주자!

1군 : 곡류 2군 : 육류, 생선, 달걀, 유제품 3군 : 채소, 해조류, 과일 α : 유지류 α : 풍미

간뿐만 아니라 다른 장기도 안 좋을 수 있습니다!

간 질환

간 질환은 간염, 간경변, 간부전, 약물에 의한 간 질환, 개 전염성 간염 등 종류가 다양합니다.

증상

구토나 설사, 검은색 변, 토혈을 반복하고 혼수상태에 빠질 수 있습니다. 복부를 만지면 매우 싫어합니다. 또한 입에서 암모니아 냄새가 나거나 야위고 황달 등이 나타나기도 합니다.

원인

병원체에 감염되거나 음식 및 약물로 간이 손상됩니다. 비만으로 간에 지방이 쌓이거나 종양 또는 사고 등 외적 요인으로도 간 질환에 걸릴 수 있습니다. 이외에도 여러 가지 원인이 있습니다.

관리

간에 문제가 있다면 과식을 하지 않게 신경 써줘야 합니다. 식사량을 줄이거나 일주일에 한두 끼를 걸러 간을 쉬게 할 수도 있습니다. 간 질환은 증상이 잘 드러나지 않아 정기적으로 건강검진을 받는 것이 좋습니다.

간 질환에 효과적인 영양소 Best 5

❶ 비타민B1

당질대사를 촉진한다.

|함유 식품| 밀 배아, 돼지고기, 참깨, 현미, 오트밀, 대구, 간(소, 돼지, 닭), 호밀빵, 시금치

❷ 비타민B2

세포 재생을 촉진한다.

|함유 식품| 구운 김, 닭고기, 돼지고기, 소 간, 말린 표고버섯, 낫토, 고등어, 달걀, 열빙어, 톳, 대구, 비지

❸ 비타민B12

엽산의 기능을 돕고
단백질 합성을 촉진한다.

|함유 식품| 재첩, 바지락, 꽁치, 정어리, 고등어, 가다랑어포, 간(소, 돼지, 닭)

❹ 비타민C

면역력을 높인다.

|함유 식품| 무, 브로콜리, 콜리플라워, 호박, 소송채, 고구마, 피망, 파슬리, 토마토, 파프리카, 감자, 연근, 당근

❺ 비타민E

감염증에 대한 저항력을 향상시킨다.

|함유 식품| 호두, 식물성 기름, 콩, 된장, 잣, 가다랑어, 쑥갓

간에는 간! 간 기능을 강화하려면 간을 먹이자

닭 간과 토란을 넣은 감자국

재료

닭 간
비타민A와 비타민B군을 함유한 단백질원이다.

우유
간 기능을 강화하는 메티오닌이 들어 있다.

감자
감자의 비타민C는 가열해도 잘 파괴되지 않는다.

토란
소화 및 해독 효소인 뮤신이 들어 있어 간 기능을 강화한다.

당근
베타카로틴과 비타민C가 면역력을 높이고 감염증을 예방한다.

삶은 콩
비타민E 공급원.

표고버섯
칼로리가 낮고 섬유질이 풍부하다.

꼬투리 완두콩
베타카로틴과 비타민C가 들어 있다.

만드는 방법

1. 닭 간, 감자, 토란, 당근, 삶은 콩, 표고버섯, 꼬투리 완두콩을 먹기 좋은 크기로 썬다. 닭 간은 우유 2큰술을 뿌려서 재어놓고 잡냄새를 제거한다.
2. 냄비에 닭 간과 꼬투리 완두콩을 제외한 나머지 채소를 볶는다. 골고루 익힌 다음 재료가 잠길 정도로 물과 우유를 부어서 푹 끓인다.
3. 꼬투리 완두콩을 넣어서 잘 섞으면 완성.

1

2

3

조리 POINT

가격도 적당하고 요리하기 편한 닭 간을 섭취시켜서 간 기능을 강화한다. 콩처럼 비타민E를 함유한 식품을 넣자. 해독, 이뇨, 항염 작용을 돕는다.

1군 : 곡류 2군 : 육류, 생선, 달걀, 유제품 3군 : 채소, 해조류, 과일 α : 유지류 α : 풍미

이뇨 작용과 식이섬유로 노폐물을 제거한다

녹황색 채소를 넣은 수프 카레

재료

닭 간(또는 소 간)
비타민B12를 함유하며 단백질 합성을 촉진한다.

소 넓적다리살
비타민B2를 함유한 단백질원. 지방이 적은 붉은 살을 선택한다.

현미밥
체력을 증진시키는 효과가 있고 미네랄이 풍부하다.

시금치
베타카로틴이 활성산소를 제거하고 비타민과 미네랄이 풍부해서 활력소가 된다.

토마토
몸속에 남아 있는 염분을 배출하는 칼륨이 들어 있다.

당근
베타카로틴과 비타민C가 면역력을 높이고 감염증을 예방한다.

호박
베타카로틴이 면역력을 높인다.

톳
부족해지기 쉬운 미네랄을 보충한다.

올리브유
에너지원.

울금(강황)가루
간 기능을 강화한다.

만드는 방법

1. 닭 간, 소 넓적다리살, 시금치, 토마토, 당근, 호박, 톳을 먹기 좋은 크기로 썬다. 시금치는 미리 데쳐놓는다.
2. 냄비에 올리브유를 두르고 1을 볶는다. 재료가 잠길 정도로 물을 붓고 현미밥과 울금가루 소량을 넣어서 골고루 익을 때까지 끓인다.
3. 그릇에 담으면 완성.

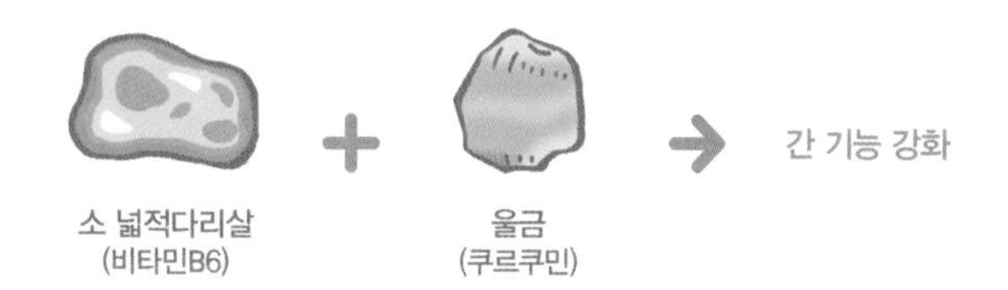

조리 POINT

채소는 기름에 볶은 후에 끓이자. 지용성 비타민과 수용성 비타민을 모두 섭취할 수 있다. 고기는 붉은 살을 선택해서 지방을 적게 섭취시키는 게 좋다.

1군 : 곡류 2군 : 육류, 생선, 달걀, 유제품 3군 : 채소, 해조류, 과일 α : 유지류 α : 풍미

 해독 작용으로 간 기능을 돕는다

대구가 들어간 채소 된장국

재료

대구
고단백 저지방 식품이다.

율무밥
체력을 증진시키는 효과가 있고 간 기능을 정상화한다.

브로콜리 싹
해독 작용이 있으며 간 기능을 강화한다.

우엉
식이섬유가 풍부해서 장속의 노폐물을 배출한다. 해독 효과도 있다.

만가닥버섯(백만송이버섯)
비타민D와 감칠맛을 내는 글루탐산이 함유되어 있다.

연근
비타민C가 면역력을 강화한다. 타닌은 소화 작용을 한다.

당근
베타카로틴과 비타민C가 면역력을 높이고 감염증을 예방한다.

된장
사포닌과 효소 등이 함유된 발효 식품으로 해독 작용을 한다.

가다랑어포
감칠맛을 더한다.

만드는 방법

1. 대구, 우엉, 만가닥버섯, 연근, 당근을 먹기 좋은 크기로 썬다.
2. 냄비에 1과 율무밥을 넣고 재료가 잠길 정도로 물을 붓는다. 된장을 1작은술 넣고, 가다랑어포도 넣어 끓인다.
3. 연근이 부드러워지면 브로콜리 싹을 넣는다.

조리 POINT

대구는 간에 좋은 고단백 저지방 식품이다. 맛이 담백해 육수 맛을 살린 국과 함께 먹이면 좋다.

1군 : 곡류 2군 : 육류, 생선, 달걀, 유제품 3군 : 채소, 해조류, 과일 α : 유지류 α : 풍미

적은 양으로도 포만감을 느끼게 한다

닭가슴살을 넣은 걸쭉한 밥

재료

닭가슴살
고단백 저지방 식품이다.

잡곡밥
비타민과 미네랄을 함유한 에너지원이다.

비지
칼로리가 낮고 식이섬유도 풍부하다.

파프리카
비타민C와 함께 비타민P도 들어 있어서 가열에 따른 비타민C의 손실이 적다.

잣
비타민E 공급원.

시금치
베타카로틴이 활성산소를 제거하고, 비타민과 미네랄이 풍부해서 활력소가 된다.

무
소화 효소인 아밀레이스가 들어 있다.

재첩
간 기능을 강화한다.

녹말가루
음식을 쉽게 먹을 수 있도록 걸쭉하게 만든다.

만드는 방법

1. 닭가슴살, 파프리카, 시금치, 무를 먹기 좋은 크기로 썬다.
2. 냄비에 재첩을 넣은 뒤, 재첩이 잠길 정도로 물을 붓고 끓여서 육수를 낸다. 재첩은 껍데기를 제거하고 살을 발라서 육수에 다시 넣는다.
3. 2에 1과 비지, 잡곡밥을 넣고 부드러워질 때까지 푹 끓이다가 물에 갠 녹말가루로 걸쭉하게 만든다. 마지막으로 잣을 넣으면 완성.

조리 POINT

적은 양을 먹어도 충분히 포만감을 느끼는 비지를 사용한다. 재첩 육수를 듬뿍 사용해 감칠맛을 더하고, 칡가루로 걸쭉하게 만들어서 포만감을 높이자.

1군 : 곡류 2군 : 육류, 생선, 달걀, 유제품 3군 : 채소, 해조류, 과일 α : 유지류 α : 풍미

신장이 제 기능을 못하는 상태입니다

신장병

신장병은 신장 자체에 문제가 있거나 신장 이외의 부분이 병에 걸려서 신장이 기능을 못하는 것입니다.

증상

주로 식욕 저하와 구토, 설사, 탈수 증상을 보입니다. 신장이 기능을 못하면 노폐물이 계속 쌓여서 심하면 요독증을 일으킵니다. 더 나빠지면 경련 같은 신경 증상이 나타나기도 합니다. 증상이 잘 안 나타나기 때문에 정기검진을 받는 것이 중요합니다.

원인

여러 가지 원인 중에서도 주로 병원체(세균, 바이러스, 기생충 등) 감염으로 신장병이 생깁니다. 독극물로 사구체(신장 속 모세혈관 덩어리로 혈액 중 노폐물을 거르는 부분)의 기저막에 이상이 생기는 경우도 있습니다.

관리

치주 질환으로 신장병이 생기기도 합니다. 평소에 입안 청소를 꾸준히 해주세요. 양치를 싫어하는 애견에게는 무나 우엉 등 채소즙을 입에 넣어주세요. 또 물을 충분히 마실 수 있도록 신경 써야 합니다.

신장병에 효과적인 영양소 Best 5

❶ DHA, EPA

면역력을 유지하고
염증을 억제한다.

|함유 식품| 정어리, 꽁치, 전갱이, 방어, 고등어, 연어, 뱅어포

❷ 아스타잔틴

활성산소를 억제한다.

|함유 식품| 연어, 벚꽃새우

❸ 비타민C

면역력을 높인다.

|함유 식품| 무, 브로콜리, 콜리플라워, 호박, 소송채, 고구마, 피망, 파슬리, 토마토, 감자

❹ 비타민A, 베타카로틴

치주 질환을 예방하고
점막을 강화한다.

|함유 식품| 간(소, 돼지, 닭), 달걀노른자, 시금치, 소송채, 당근, 호박

❺ 식물성 단백질

동물성 단백질을 제한해야 한다면
콩을 중심으로 단백질을 섭취시킨다.

|함유 식품| 콩, 낫토, 누에콩, 두부, 두유, 풋콩, 팥

이뇨 효과로 노폐물과 독소를 배출시키자

국물을 부어 먹는 볶음밥

재료

달걀
아미노산의 균형이 잘 잡힌 단백질원이다.

쌀밥
에너지원.

토마토
칼륨이 풍부해 몸속에 남아 있는 나트륨을 배출한다.

시금치
베타카로틴이 활성산소를 제거한다. 비타민과 미네랄이 풍부해서 활력소가 된다.

두부
식물성 단백질원이다.

동아
칼륨이 풍부해 이뇨 효과가 있다.

참기름
에너지원.

뱅어포, 벚꽃새우
칼슘 공급원. 감칠맛을 더한다.

만드는 방법

1. 토마토, 시금치, 두부, 동아는 먹기 좋은 크기로 썰고, 달걀과 쌀밥은 잘 섞어놓는다.
2. 냄비에 참기름을 두르고 달걀과 섞은 밥을 볶아서 그릇에 담는다.
3. 같은 냄비에 1의 남은 재료와 뱅어포, 벚꽃새우를 넣고 재료가 잠길 정도로 물을 부어서 푹 끓인다.
4. 3에서 끓인 국물을 볶음밥 위에 붓는다.

1

2

3

4

조리 POINT

뱅어포를 끓여서 우려낸 육수로 식욕을 돋우고 이뇨 효과도 향상시킨다. 면역력을 강화하려면 녹황색 채소를 자주 먹이자.

1군 : 곡류 2군 : 육류, 생선, 달걀, 유제품 3군 : 채소, 해조류, 과일 α : 유지류 α : 풍미

동물성 단백질을 줄여야 할 때는 식물성 단백질로 섭취시키자

두유 수프

재료

닭고기
비타민A가 풍부하며 간에 지방이 축적되는 것을 방지하는 메티오닌도 들어 있다.

파르메산치즈
입맛을 돋운다.

두유
소화 흡수가 잘되는 식물성 단백질.

감자
칼륨이 풍부하며 몸속에 남아 있는 나트륨을 배출한다.

누에콩
칼륨이 풍부해 이뇨 작용을 돕는다.

완두콩
칼륨이 부종을 해소한다.

호박
베타카로틴이 면역력을 높인다.

당근
베타카로틴과 비타민C가 면역력을 높이고 감염증을 예방한다.

뱅어포
DHA, EPA가 함유되어 있다.

벚꽃새우
아스타잔틴을 함유한 칼슘 공급원이다.

만드는 방법

1. 파르메산치즈를 제외한 나머지 재료를 푸드 프로세서로 간다.
2. 냄비에 1을 넣고 바닥에 눌어붙지 않도록 잘 휘저어 가며 끓인다.
3. 30도 정도로 식혀서 그릇에 담고 파르메산치즈를 위에 뿌린다.

조리 POINT

콩류를 중심으로 식물성 단백질을 섭취시킨다. 누에콩과 완두콩은 칼륨이 풍부해 이뇨 작용에 좋다. 파르메산치즈를 넣어서 풍미를 더한다.

1군 : 곡류 2군 : 육류, 생선, 달걀, 유제품 3군 : 채소, 해조류, 과일 α : 유지류 α : 풍미

해초로 혈액을 맑게 하자

연어를 넣은 미역국밥

재료

연어
활성산소를 억제하는 항산화물질인 아스타잔틴이 들어 있다.

잡곡밥
비타민과 미네랄이 풍부한 에너지원이다.

소송채
베타카로틴과 비타민C가 풍부하며 저항력을 강화한다.

미역, 파래
해조류는 혈액을 알칼리성으로 바꾸고 정화하는 효과가 있다.

풋콩
칼륨이 풍부해 이뇨 작용을 돕는다.

참깻가루
비타민E 공급원.

참기름
비타민E 공급원.

다시마가루
혈액을 정화하는 효과는 물론 풍미도 더한다.

만드는 방법

1. 연어, 소송채, 미역을 먹기 좋은 크기로 썬다.
2. 냄비에 연어와 잡곡밥, 다시마가루를 넣고, 재료가 잠길 정도로 물을 부어서 골고루 익을 때까지 끓인다.
3. 2에 소송채, 미역, 풋콩을 넣어 잘 섞고 다 익으면 그릇에 담는다. 마지막으로 파래, 참기름, 참깻가루를 위에 뿌린다.

조리 POINT

비타민E가 혈액을 맑게 한다. 해조류와 함께 섭취시키면 혈액 정화 효과가 향상된다.

 정어리 펩타이드로 신장 기능을 강화한다

정어리 채소죽

재료

정어리
DHA, EPA가 풍부한 단백질원이다.

현미밥
비타민B군이 풍부한 에너지원이다.

우엉
식이섬유가 풍부해서 노폐물을 배출한다.

무
소화 효소인 아밀레이스가 들어 있다.

배추
비타민C가 이뇨 작용을 한다. 부드러워질 때까지 끓이면 소화가 잘된다.

톳
부족해지기 쉬운 미네랄을 보충한다.

당근
베타카로틴과 비타민C가 면역력을 높이고 감염증을 예방한다.

삶은 팥
사포닌을 함유하며 이뇨 효과로 부종을 해소한다.

벚꽃새우
아스타잔틴을 함유한 칼슘 공급원이다.

만드는 방법

1. 정어리와 우엉, 무, 배추, 톳, 당근을 먹기 좋은 크기로 썬다.
2. 냄비에 정어리를 넣고 살이 으깨질 때까지 익힌다.
3. 2에 나머지 재료를 다 넣는다. 재료가 잠길 정도로 물을 부어서 푹 끓인다.

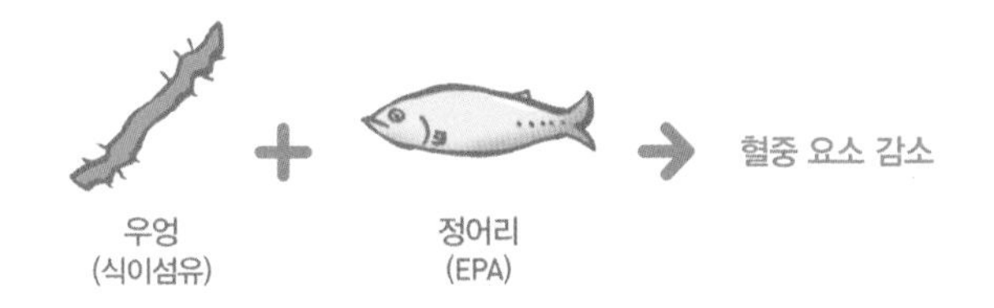

조리 POINT

장속을 청소하고 신장 기능을 도우려면 식이섬유가 풍부한 채소를 넣는다. 소화를 도우려면 부드러워질 때까지 푹 끓이는 것을 잊지 말자.

1군 : 곡류 2군 : 육류, 생선, 달걀, 유제품 3군 : 채소, 해조류, 과일 α : 유지류 α : 풍미

애견의 비만은 반려인이 만들어낸 생활습관병입니다

비만

애견이 원하는 대로 먹이는 행동은 애정이 아니라 반려인의 자기만족입니다. 한 살이 지나면 하루에 한 끼만 줘도 충분합니다.

증상

다음의 세 가지를 확인해봅시다. ①등뼈가 확실히 만져지는지, ②옆구리를 쓰다듬었을 때 갈비뼈가 느껴지는지, ③허리 부분이 들어가 보이는지 이 중 하나라도 해당되지 않으면 비만을 해결해야 할 때입니다.

원인

원인은 매우 단순합니다. 개가 소비할 수 있는 양보다 더 많이 섭취시키기 때문이지요. 유전적인 체질이거나 나이, 중성화 수술의 영향도 있지만 대부분 운동 부족, 과도한 식사 및 간식 등으로 비만이 됩니다.

관리

산책을 자주 나가서 운동량을 늘려주세요. 산책이 부담될 정도로 관절을 조심해야 하는 애견이라면 하이드로 테라피라는 물속 걷기 운동을 추천합니다. 음식을 만들 때 포만감을 느끼게 하는 식이섬유를 자주 활용해보세요.

비만에 효과적인 영양소 Best 5

❶ 비타민B1

당질대사를 촉진한다.

|함유 식품| 돼지고기, 콩, 배아미, 현미, 말린 멸치, 유부, 비지

❷ 비타민B2

지질대사를 촉진한다.

|함유 식품| 유제품, 간(소, 돼지), 정어리, 연어, 녹황색 채소, 콩류, 달걀노른자, 말린 멸치

❸ 라이신, 메티오닌

카르니틴 합성으로
지방 연소 효과를 향상시킨다.

|함유 식품| 달걀, 닭고기(가슴살), 요구르트, 낫토, 돼지 넓적다리살, 소 넓적다리살, 참치, 전갱이

❹ 식이섬유

몸속에 남아 있는 지질과 당질을
배출하고 포만감을 준다.

|함유 식품| 우엉, 양배추, 비지, 톳, 브로콜리, 파인애플, 무말랭이

❺ 리놀레산

혈중 콜레스테롤을 감소한다.

|함유 식품| 식물성 기름

L-카르니틴으로 체지방을 연소시키자

소고기 우엉 메밀국수

재료

소 넓적다리살
지방을 연소시키는 L-카르니틴이 함유된 단백질원이다.

메밀국수
메밀의 단백질은 체지방이 축적되는 것을 방지한다.

우엉
식이섬유가 풍부해서 노폐물을 배출한다.

당근
베타카로틴과 비타민C가 면역력을 높이고 감염증을 예방한다.

미역
부족해지기 쉬운 미네랄을 보충한다.

콩나물
수분과 식이섬유가 풍부해서 포만감을 높인다.

참기름
에너지원.

말린 멸치
칼슘과 비타민B1이 풍부하다. 풍미가 좋아 입맛을 돋운다.

만드는 방법

1. 소 넓적다리살, 우엉, 당근, 미역, 콩나물을 먹기 좋은 크기로 썬다.
2. 냄비에 참기름을 두르고 소고기와 우엉, 당근을 함께 볶는다. 여기에 미역, 콩나물, 말린 멸치를 넣고 재료가 잠길 정도로 물을 부어서 끓인다. 국물이 끓기 시작하면 적당한 길이로 자른 메밀국수를 넣는다.
3. 모든 재료가 부드러워질 때까지 푹 끓인다.

1

2

3

조리 POINT

비타민B1이 풍부한 말린 멸치를 사용해서 음식을 만든다. 말린 멸치는 가루로 만들어두면 사용하기 편리하다. 체지방을 연소시키려면 운동도 함께 시켜야 한다!

1군 : 곡류 2군 : 육류, 생선, 달걀, 유제품 3군 : 채소, 해조류, 과일 α : 유지류 α : 풍미

구연산으로 체지방 분해를 돕는다

하와이안 볶음밥

재료

돼지 넓적다리살
대사를 촉진하는 비타민B군이 풍부한 단백질원이다.

현미밥
미네랄이 풍부한 에너지원이다.

파인애플
구연산과 식이섬유가 풍부하다.

파프리카
비타민C와 함께 비타민P도 함유되어 있어서 가열에 따른 비타민C의 손실이 적다.

아스파라거스
비타민이 풍부하다. 아스파라긴산에는 자양강장 효과가 있다.

양상추
비타민U가 위 점막을 보호한다.

파슬리
베타카로틴이 풍부하다.

아몬드 슬라이스
비타민E 공급원.

올리브유
에너지원.

만드는 방법

1. 돼지 넓적다리살, 파인애플, 파프리카, 아스파라거스, 양상추는 먹기 좋은 크기로 썰고, 파슬리는 잘게 다진다.
2. 냄비에 올리브유를 두르고 돼지고기와 파인애플을 볶는다.
3. 돼지고기가 어느 정도 익으면 현미밥을 넣고 골고루 익을 때까지 잘 섞어가며 볶는다. 아몬드 슬라이스를 위에 뿌리면 완성.

조리 POINT

구연산은 감귤류에 많이 들어 있다. 파인애플이나 오렌지, 자몽 등을 사용해도 좋다. 간편하게 쓸 수 있는 레몬즙이나 식초로 바꿔도 된다.

1군 : 곡류 2군 : 육류, 생선, 달걀, 유제품 3군 : 채소, 해조류, 과일 α : 유지류 α : 풍미

실곤약을 넣은 톳밥

재료

전갱이
비타민B2를 함유한 단백질원이다.

현미밥
에너지원.

톳
부족해지기 쉬운 미네랄을 보충한다.

당근
베타카로틴과 비타민C가 면역력을 높이고 감염증을 예방한다.

유부
비타민B1이 들어 있다.

실곤약
칼로리가 낮고 장 청소 효과가 있다.

무말랭이
식이섬유와 비타민, 미네랄이 함유되어 있다.

표고버섯
칼로리가 낮고 식이섬유가 풍부하다.

무순
소화를 돕는 아밀레이스가 들어 있다.

참기름
리놀레산을 함유한 에너지원이다.

만드는 방법

1. 전갱이, 톳, 당근, 유부, 실곤약, 무말랭이, 표고버섯을 먹기 좋은 크기로 썬다.
2. 현미 1홉을 씻어서 밥솥에 넣고, 물은 다른 밥을 지을 때와 똑같은 양을 붓는다. 여기에 1과 참기름을 넣고 밥을 짓는다.
3. 밥을 30도 정도로 식히고 무순을 섞으면 완성.

조리 POINT

칼로리가 낮은 곤약의 양을 늘려 포만감을 들게 할 수 있다. 무순은 무와 마찬가지로 아밀레이스를 함유해서 소화를 돕고 위의 기능을 조절한다.

1군 : 곡류 2군 : 육류, 생선, 달걀, 유제품 3군 : 채소, 해조류, 과일 α : 유지류 α : 풍미

저칼로리 식품으로 포만감을 느끼게 한다

닭가슴살 비지 채소죽

재료

닭가슴살
필수 아미노산이 풍부한 단백질원으로 닭 껍질을 제거하면 칼로리가 낮아진다.

달걀
아미노산의 균형이 잘 잡힌 단백질원이다.

잡곡밥
미네랄이 풍부한 에너지원이다.

비지
식이섬유가 풍부하고 칼로리가 낮다.

표고버섯
칼로리가 낮고 섬유질이 풍부하다.

소송채
베타카로틴과 비타민C가 풍부하며 저항력을 강화한다.

당근
베타카로틴과 비타민C가 면역력을 높이고 감염증을 예방한다.

참기름
에너지원.

만드는 방법

1. 닭가슴살, 표고버섯, 소송채, 당근을 먹기 좋은 크기로 썬다.
2. 냄비에 참기름을 두르고 닭고기와 비지를 함께 볶는다. 여기에 표고버섯, 소송채, 당근, 잡곡밥을 넣어 재료가 잠길 정도로 물을 붓고 끓인다.
3. 국물이 끓어오르면 달걀을 풀어 넣어서 익힌다.

조리 POINT

비지는 닭고기와 함께 볶아서 감칠맛을 높인다. 포만감을 쉽게 느낄 수 있어서 다이어트에 추천하는 식품이다.

1군 : 곡류 2군 : 육류, 생선, 달걀, 유제품 3군 : 채소, 해조류, 과일 α : 유지류 α : 풍미

걸음걸이가 부자연스러우면 관절염을 의심합시다

관절염

선천적으로 관절에 질환이 있거나 격렬한 운동, 비만, 노화 등 여러 가지 원인으로 관절염이 생길 수 있습니다. 평소에 걸음걸이를 잘 관찰하세요.

증상

걸음이 느려지고 계단을 오르내리지 못하거나 다리를 질질 끄는 등 걸을 때 이상한 증상을 보입니다. 다리를 만지면 아파할 수 있습니다.

원인

고관절 형성 부전 등으로 관절에 염증이 생기거나 상태가 악화되어 뼈가 변형될 수 있습니다. 또 무릎의 앞 십자인대 파열이나 류머티즘 등이 원인이기도 합니다.

관리

아파하는 부분을 따뜻하게 해주세요. 담요를 덮거나 마사지를 하면 됩니다. 혈액순환이 좋아져서 증상을 개선하는 데 좋습니다. 근육량이 적어지지 않도록 단백질과 함께 콘드로이틴, 글루코사민 등이 함유된 식재료나 건강보조식품을 먹여주세요.

관절염에 효과적인 영양소 Best 5

❶ 단백질

근력을 강화한다.

|함유 식품| 달걀, 소고기(정강이살, 힘줄), 닭날개, 가다랑어, 참치, 정어리, 연어, 벚꽃새우, 닭 오도독뼈

❷ 콘드로이틴

관절의 기능을 돕는다.

|함유 식품| 넙치, 닭 껍질, 닭과 돼지의 오도독뼈, 해조류, 낫토, 김

❸ 글루코사민

연골을 회복시킨다.

|함유 식품| 굴, 낫토, 참마, 미역귀, 벚꽃새우

❹ 칼슘

뼈를 만든다.

|함유 식품| 뱅어포, 벚꽃새우, 콩, 해조류

❺ 비타민C

콜라겐을 만들고
뼈와 근육을 강화한다.

|함유 식품| 무, 브로콜리, 콜리플라워, 호박, 소송채, 고구마, 피망, 파슬리, 파프리카

비만을 예방하고, 다리의 부담도 줄인다!

채소를 듬뿍 넣은 우동

재료

소 힘줄
콜라겐을 함유한 단백질원이다.

우동
당질이 적은 에너지원이다.

콩나물
수분과 식이섬유가 풍부해서 포만감을 높인다.

당근
베타카로틴과 비타민C가 면역력을 높이고 감염증을 예방한다.

피망
비타민C와 함께 비타민P도 들어 있어서 가열에 따른 비타민C의 손실이 적다.

표고버섯
칼로리가 낮고 섬유질이 풍부하다.

양배추
비타민U가 위 점막을 보호한다.

김
콘드로이틴으로 관절 기능을 유지한다.

벚꽃새우
풍미를 더한다.

만드는 방법

1. 소 힘줄, 콩나물, 당근, 피망, 표고버섯, 양배추, 삶은 우동을 먹기 좋은 크기로 썬다. 김은 잘게 썬다.
2. 냄비에 소 힘줄과 벚꽃새우를 넣은 뒤 물 300ml를 붓고 끓여서 육수를 낸다. 거품을 걷어내면서 소 힘줄이 익을 때까지 끓인다.
3. 2에 우동과 채소를 넣고 채소가 흐물흐물해질 때까지 끓인다. 마지막으로 김을 위에 올린다.

1

2

3

조리 POINT

소 힘줄을 삶아서 육수를 내고 채소로 포만감을 준다. 채소를 많이 넣어서 먹일 때는 잘게 썰어서 소화를 돕는다.

1군 : 곡류 2군 : 육류, 생선, 달걀, 유제품 3군 : 채소, 해조류, 과일 α : 유지류 α : 풍미

단백질과 끈적끈적한 참마가 근력을 키운다

참마를 올린 낫토 볶음밥

재료

연어
DHA, EPA를 함유한 단백질원이다.

율무밥
체력 향상에 효과적인 에너지원이다.

낫토
콘드로이틴과 글루코사민을 함유한 식물성 단백질이다.

톳
부족해지기 쉬운 미네랄을 보충한다.

브로콜리
비타민C가 풍부하다.

참마
글루코사민을 함유하며 끈적끈적한 점액질인 무신이 있다.

오크라
단백질 흡수를 돕는 무신이 들어 있다.

참기름
에너지원.

만드는 방법

1. 연어, 톳, 브로콜리, 오크라는 먹기 좋은 크기로 썰고, 참마는 갈아놓는다.
2. 냄비에 참기름을 두르고 연어와 낫토를 볶는다. 연어가 익으면 율무밥, 톳, 브로콜리를 넣고 골고루 익힌다.
3. 2를 30도 정도로 식혀서 그릇에 담고 참마와 오크라를 위에 올린다.

조리 POINT

열에 약한 효소를 함유한 참마와 오크라는 생으로 섭취시킨다. 개가 낫토의 끈적끈적한 식감을 싫어하면 다른 식재료와 함께 볶아서 먹이고, 좋아하면 음식 위에 생으로 올려서 먹이자.

1군 : 곡류 2군 : 육류, 생선, 달걀, 유제품 3군 : 채소, 해조류, 과일 α : 유지류 α : 풍미

콘드로이틴과 글루코사민으로 관절의 통증을 줄인다

닭 오도독뼈를 넣은 채소죽

재료

닭 오도독뼈
콘드로이틴과 콜라겐을 함유한 단백질원이다.

쌀밥
에너지원.

미역(미역귀)
부족해지기 쉬운 미네랄을 보충한다.

나도팽나무버섯(맛버섯)
단백질 흡수를 돕는 뮤신이 들어 있다.

호박
베타카로틴이 면역력을 높인다.

순무
소화 효소인 아밀레이스가 함유되어 있다.

당근
베타카로틴과 비타민C가 면역력을 높이고 감염증을 예방한다.

벚꽃새우
풍미를 더한다.

만드는 방법

1. 호박, 순무, 당근을 먹기 좋은 크기로 썬다.
2. 냄비에 닭 오도독뼈와 벚꽃새우를 볶는다. 쌀밥, 호박, 순무, 당근을 넣고 재료가 잠길 정도로 물을 부어서 끓인다.
3. 마지막으로 잘게 썬 미역, 나도팽나무버섯을 넣고 다시 끓인다.

조리 POINT

소형견이 음식을 통째로 삼키는 것이 걱정된다면 오도독뼈를 잘게 잘라서 음식에 넣어주세요.

1군 : 곡류 2군 : 육류, 생선, 달걀, 유제품 3군 : 채소, 해조류, 과일 α : 유지류 α : 풍미

항산화물질로 염증을 억제한다

부야베스 리소토

재료

가다랑어

근력을 향상시키는 단백질원이다.

현미밥

미네랄이 풍부한 에너지원이다.

토마토

항산화물질인 리코펜이 함유되어 있다.

쑥갓

비타민E가 들어 있고 쓴맛이 약해서 사용하기 좋은 식재료다.

파프리카

비타민C와 함께 비타민P도 함유되어 있어서 가열에 따른 비타민C의 손실이 적다.

양배추

비타민U가 위 점막을 보호한다.

사프란

진통 효과가 있다.

큰실말

해조류에는 칼슘과 콘드로이틴이 함유되어 있다.

벚꽃새우

풍미가 강한 칼슘 공급원이다.

만드는 방법

1. 가다랑어, 토마토, 쑥갓, 파프리카, 양배추를 먹기 좋은 크기로 썬다.
2. 쑥갓을 뺀 나머지 재료를 냄비에 넣고 재료가 잠길 정도로 물을 부어서 끓인다.
3. 재료가 다 익으면 쑥갓을 넣고 잘 섞는다.

조리 POINT

과일이나 채소는 항산화물질이 많이 들어 있다. 제철 과일과 채소를 다양하게 섭취시키자.

1군 : 곡류 2군 : 육류, 생선, 달걀, 유제품 3군 : 채소, 해조류, 과일 α : 유지류 α : 풍미

물을 많이 마셔 소변을 자주 보며 많이 먹어도 살이 안 찝니다

당뇨병

인슐린은 개의 몸 전체에 작용합니다. 몸속 세포가 당질을 흡수하거나 간이 지방과 단백질을 축적하는 것을 돕습니다.

증상

물을 많이 마셔서 소변량도 늘어나고 소변을 보는 횟수도 잦아집니다. 또 식욕이 증가해 많이 먹어도 살은 점점 빠집니다.

원인

당뇨병에는 두 종류가 있습니다. 하나는 췌장에서 인슐린이 분비되지 않아 발생하는 인슐린 의존 당뇨병이고, 다른 하나는 인슐린은 분비되지만 그 기능이 저하되어 일어나는 인슐린 비의존 당뇨병입니다.

관리

과식하지 않도록 매 끼니에 적정량을 주고, 포만감을 느낄 수 있도록 식이섬유가 풍부한 음식을 많이 먹이세요. 꾸준히 운동을 시키는 것도 당뇨병을 예방하는 데 좋습니다.

당뇨병에 효과적인 영양소 Best 5

❶ 셀레늄

몸을 활성산소로부터 보호한다

|함유 식품| 정어리, 브로콜리, 소 넓적다리살, 달걀, 닭고기, 전갱이, 가자미

❷ 아연

세포를 생성하고
감염증을 예방한다.

|함유 식품| 굴, 소 넓적다리살, 참깨, 간(소, 돼지), 콩, 풋콩, 바지락, 말린 멸치

❸ 비타민B1

당질대사를 촉진한다.

|함유 식품| 돼지고기, 콩, 배아미, 현미, 풋콩, 당근, 버섯, 가자미, 말린 멸치

❹ 비타민C

면역력을 강화한다.

|함유 식품| 무, 브로콜리, 콜리플라워, 호박, 소송채, 고구마, 피망, 파슬리, 배추

❺ 비타민A, 베타카로틴

감염증을 예방한다.

|함유 식품| 간(소, 돼지, 닭), 달걀노른자, 시금치, 소송채, 당근, 호박, 쑥갓

혈당 수치 상승을 막는다

여주를 넣은 두부 채소 볶음

재료

돼지 넓적다리살
비타민B군이 풍부한 단백질원이다. 지방이 적은 붉은 살을 사용한다.

달걀
아미노산의 균형이 잘 잡힌 단백질원이다.

수수밥(백미 : 수수 = 9 : 1)
비타민과 미네랄을 함유한 에너지원으로 췌장에 좋다.

비지
식이섬유가 풍부해 포만감을 오래 느끼게 한다.

당근
감염증을 예방하고 혈당 수치를 낮추는 효과가 있다.

시금치
비타민과 미네랄을 함유해서 활력소가 된다. 혈당 수치를 낮추는 효과가 있다.

여주
비타민C가 들어 있다. 펩타이드P는 혈당 수치를 낮춘다.

피망
비타민C와 함께 비타민P도 들어 있어서 가열에 따른 비타민C의 손실이 적다.

참깻가루
아연과 비타민E의 공급원이다.

참기름
에너지원.

만드는 방법

1. 돼지 넓적다리살, 당근, 시금치, 여주, 피망을 먹기 좋은 크기로 썬다. 시금치는 미리 데쳐놓는다. 냄비에 참기름을 두르고 달걀을 풀어서 볶다가 돼지고기와 비지, 수수밥을 넣어 다시 볶는다.
2. 1에 당근, 시금치, 여주, 피망, 참깻가루를 넣고 물 100ml를 부어서 골고루 익을 때까지 볶는다.

1

2

조리 POINT

혈당 수치를 낮추는 효과가 있는 채소와 식이섬유가 풍부한 저칼로리 식품인 비지를 사용해서 음식을 만든다. 밥은 적게 줘도 포만감을 느낄 수 있다. 혈당 수치를 높이지 않으려면 과식시키지 않는 것이 중요하다.

1군 : 곡류 2군 : 육류, 생선, 달걀, 유제품 3군 : 채소, 해조류, 과일 α : 유지류 α : 풍미

 이뇨 작용으로 몸속 노폐물을 배출시키자

건더기가 풍부한 톳찌개

재료

닭고기
건강에 좋고 필수 아미노산의 균형이 잘 잡힌 단백질원이다. 가슴살은 갈아 먹이는 것을 권한다.

고구마
식이섬유가 풍부하고 단맛이 있어서 개들이 좋아한다.

호박
비타민B1이 당질대사를 촉진한다. 단맛이 있어서 개들이 좋아한다.

삶은 팥
사포닌이 이뇨 작용을 한다.

풋콩
사포닌이 이뇨 작용을 한다. 식물성 단백질도 들어 있다.

팽이버섯
당질의 분해를 돕는 저칼로리 식품이다.

톳
부족해지기 쉬운 미네랄을 보충한다.

다시마가루
부족해지기 쉬운 미네랄을 보충한다. 풍미도 더한다.

만드는 방법

1. 고구마, 호박, 팽이버섯, 톳을 먹기 좋은 크기로 썬다. 닭고기는 갈아놓는다.
2. 냄비에 갈아놓은 닭고기를 익힌다.
3. 모든 재료를 냄비에 넣고 재료가 잠길 정도로 물을 부어서 끓인다. 고구마와 호박이 부드러워지면 완성.

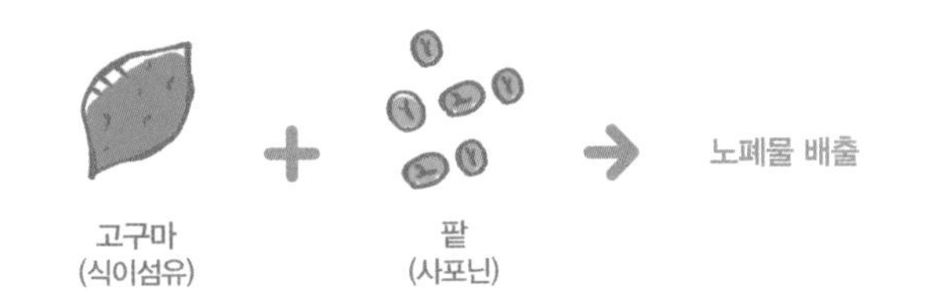

조리 POINT

밥 대신 식이섬유가 풍부한 고구마를 사용한다. 풍부한 식이섬유로 몸속에 쌓인 독소를 배출시킨다. 고구마와 호박은 가열하면 단맛이 증가한다.

1군 : 곡류 2군 : 육류, 생선, 달걀, 유제품 3군 : 채소, 해조류, 과일 α : 유지류 α : 풍미

과식 금지! 비만을 해결한다

참마를 얹은 보리밥

재료

전갱이
DHA, EPA를 함유한 단백질원이며 몸을 활성산소로부터 보호한다.

바지락
해독 작용이 있다.

보리밥
식이섬유가 풍부한 에너지원이다. 불용성 식이섬유다.

참마
끈적끈적한 점액질인 뮤신이 위를 보호한다. 혈당 수치를 낮추는 효과가 있다.

만가닥버섯(백만송이버섯)
식이섬유가 풍부하고 칼로리가 낮다.

배추
비타민C가 이뇨 작용을 한다. 부드러워질 때까지 끓이면 소화가 잘된다.

미역
부족해지기 쉬운 미네랄을 보충한다. 수용성 식이섬유다.

당근
베타카로틴의 보물창고라고 불리며, 감염증을 예방하고 혈당 수치를 낮추는 효과가 있다.

오이
수분과 칼륨이 풍부해 이뇨 작용을 돕는다.

만드는 방법

1. 전갱이, 만가닥버섯, 배추, 미역, 당근은 먹기 좋은 크기로 썰고, 오이와 참마는 갈아놓는다.
2. 냄비에 바지락을 넣은 뒤, 바지락이 잠길 정도로 물을 붓고 끓여서 육수를 낸다. 바지락은 껍데기를 제거하고 살을 발라서 육수에 다시 넣는다. 여기에 전갱이, 만가닥버섯, 배추, 미역, 당근과 보리밥을 넣고 푹 끓인다.
3. 2를 그릇에 담고 오이와 참마를 위에 얹는다.

조리 POINT

수분이 풍부하고 칼로리가 낮은 밥은 소량만 먹여도 충분하다. 수용성 식이섬유로 노폐물을 배출시키고 불용성 식이섬유로 포만감을 주자.

1군 : 곡류 2군 : 육류, 생선, 달걀, 유제품 3군 : 채소, 해조류, 과일 α : 유지류 α : 풍미

큰실말 메밀국수

재료

가자미
고단백 저지방 식품이다.

메밀국수
인슐린 분비를 촉진한다.

쑥갓
베타카로틴이 감염증을 예방한다.

표고버섯
칼로리가 낮고 비타민B군이 함유되어 있다.

우엉
식이섬유가 풍부하다.

호박
비타민B1이 당질대사를 돕고 인슐린 분비를 촉진한다.

큰실말
미네랄과 식이섬유를 비롯해서 아미노산도 들어 있는 저칼로리 식품이다.

말린 멸치
칼슘을 함유한다. 풍미를 더해 입맛을 돋운다.

만드는 방법

1. 가자미, 쑥갓, 표고버섯, 우엉, 호박, 큰실말은 먹기 좋은 크기로 썰고, 말린 멸치는 가루로 만든다.
2. 냄비에 가자미, 표고버섯, 우엉, 호박, 말린 멸치를 넣고, 재료가 잠길 정도로 물을 부어서 끓인다.
3. 국물이 끓기 시작하면 메밀국수를 적당한 크기로 잘라서 넣고, 모든 재료가 부드러워질 때까지 푹 끓인다. 마지막으로 쑥갓과 큰실말을 넣어서 잘 섞는다.

조리 POINT

당질대사를 돕는 비타민B1과 나이아신을 함유한 가자미를 사용한다. 메밀국수는 에너지원으로 당뇨병에 좋다. 먹기 좋은 크기로 짧게 잘라주자.

1군 : 곡류 2군 : 육류, 생선, 달걀, 유제품 3군 : 채소, 해조류, 과일 α : 유지류 α : 풍미

기침, 운동 거부, 실신은 심장병의 3대 증상입니다

심장병

심장 질환이 있는 개는 염분 섭취를 조심해야 합니다. 하지만 여러 가지 영양소를 골고루 먹이는 것이 더 중요합니다.

증상

기침을 하고 쉽게 지치며 운동하기를 싫어합니다. 정신을 잃고 쓰러지거나 호흡 곤란을 일으키기도 하며, 복부가 부풀거나 밥을 먹어도 자꾸 야윕니다. 또한 청색증(산소가 부족해서 입안의 점막이나 혓바닥이 보라색으로 변하는 증상)이 나타나기도 합니다.

원인

치주병균이 잇몸을 통해 혈액으로 침입해서 심장병을 일으키는 원인이 된다는 설도 있는데, 실제로는 명확한 원인을 알 수 없습니다.

관리

운동을 조심해야 한다고 해서 산책을 안 시키면 오히려 스트레스를 받을 수 있습니다. 적당히 부담이 가지 않도록 산책시켜주세요. 치주 질환을 예방하는 것도 심장병을 예방하는 방법입니다.

심장병에 효과적인 영양소 Best 5

❶ DHA, EPA

혈액순환을 원활하게,
혈관을 건강하게 한다. 혈압도 낮춘다.

|함유 식품| 방어, 꽁치, 정어리, 말린 멸치, 대구, 연어, 고등어, 방어

❷ 비타민E

동맥경화를 예방한다.

|함유 식품| 호두, 식물성 기름, 콩, 가다랑어, 쑥갓

❸ 비타민Q

치주 질환을 예방하고
심장 기능을 강화한다.

|함유 식품| 돼지 간, 브로콜리, 콜리플라워, 가다랑어, 참치, 내장육(소, 돼지), 가다랑어포, 정어리, 호두, 시금치

❹ 비타민C

면역력을 높이고
혈관 벽을 강화한다.

|함유 식품| 무, 브로콜리, 콜리플라워, 호박, 소송채, 고구마, 피망, 파슬리, 당근, 파프리카, 셀러리, 토마토

❺ 식이섬유

혈중에 남아 있는
지방을 배출한다.

|함유 식품| 우엉, 양배추, 비지, 톳, 브로콜리, 오트밀, 양상추

이뇨 작용으로 몸속에 남아 있는 수분을 배출시킨다

청소엽을 넣은 낫토 채소죽

재료

닭가슴살
아미노산이 풍부한 단백질원이다. 닭 껍질을 제거하면 지방을 줄일 수 있다.

율무밥
체력 향상에 효과적인 에너지원이며 이뇨 작용을 한다.

낫토
스태미나를 강화하며 특히 낫토균에 효소가 많이 들어 있다. 이뇨 작용도 한다.

청소엽(푸른 차조기)
베타카로틴이 풍부하고, 식욕을 높인다.

우엉
식이섬유가 풍부해서 몸속에 남아 있는 노폐물을 배출한다.

콜리플라워
비타민Q는 심장에 좋다.

당근
베타카로틴의 보물창고라고 불리며 비타민C가 면역력을 강화한다.

참기름
에너지원.

말린 멸치
부족해지기 쉬운 미네랄을 보충한다. DHA, EPA가 들어 있다.

만드는 방법

1. 닭가슴살, 청소엽, 우엉, 콜리플라워, 당근을 먹기 좋은 크기로 썬다.
2. 냄비에 닭고기, 우엉, 당근, 콜리플라워를 볶는다. 여기에 율무밥과 말린 멸치를 넣고 재료가 잠길 정도로 물을 붓는다. 물이 적어질 때까지 끓인다.
3. 2를 그릇에 담아서 낫토와 청소엽을 위에 얹고 참기름을 1작은술 뿌린다.

1

2

3

조리 POINT

운동을 격하게 하지 못하는 개에게 칼로리는 낮아도 만족도가 높은 식사를 제공하자! 이뇨 작용을 하는 칼륨이 함유된 채소로 죽을 만들면 풍부한 수분은 물론 심장에 주는 부담도 줄일 수 있다.

1군 : 곡류 2군 : 육류, 생선, 달걀, 유제품 3군 : 채소, 해조류, 과일 α : 유지류 α : 풍미

혈액순환을 촉진하고 심장에 가는 부담을 줄인다

대구가 들어간 크림 리소토

재료

대구
저지방 저칼로리 식품으로 혈액순환을 촉진한다.

현미밥
비타민E를 함유한 에너지원이며 혈액순환을 촉진하는 효과가 있다.

파프리카
비타민C와 함께 비타민P도 함유되어 있어서 가열에 따른 비타민C의 손실이 적다.

토마토
항산화물질인 리코펜과 모세혈관을 강화하는 루틴이 들어있다.

브로콜리
비타민C가 면역력을 강화한다.

양배추
비타민U가 위 점막을 보호한다.

생강
몸을 따뜻하게 한다. 해독을 하고 콜레스테롤을 낮추는 효과가 있다. 혈액순환을 촉진하는 작용도 한다.

두유
흡수가 잘되는 식물성 단백질.

올리브유
에너지원.

만드는 방법

1. 대구, 파프리카, 브로콜리, 토마토, 양배추는 먹기 좋은 크기로 썰고, 생강은 갈아놓는다.
2. 냄비에 올리브유를 두르고 생강과 대구를 넣어서 볶는다. 여기에 현미밥, 파프리카, 토마토, 양배추를 넣는다. 모든 재료가 잠길 정도로 물과 두유를 붓고 끓인다.
3. 재료가 부드러워지면 브로콜리를 넣고 익을 때까지 끓인다.

조리 POINT

혈액순환을 촉진하는 식품을 섭취시켜서 혈액의 흐름을 좋게 한다. DHA, EPA를 함유한 생선과 비타민E를 함유한 식품이나 식물성 기름을 함께 먹이면 좋다.

1군 : 곡류 2군 : 육류, 생선, 달걀, 유제품 3군 : 채소, 해조류, 과일 α : 유지류 α : 풍미

 만병의 근원인 비만을 예방한다

연어 오트밀죽

재료

연어
소화 흡수가 잘되고 개들이 좋아하는 단백질원이다.

오트밀
식이섬유가 풍부한 에너지원이다. 부드러워질 때까지 푹 끓여서 사용한다.

시금치
비타민Q를 함유한 녹황색 채소다.

옥수수
껍질에 식이섬유가 풍부한 에너지원이다.

표고버섯
칼로리가 낮고 당질 및 지질대사를 촉진하는 비타민B군이 함유되어 있다.

셀러리
식이섬유와 비타민C가 들어 있고 콜레스테롤을 저하시킨다.

두부
포만감을 높인다.

당근
베타카로틴의 보물창고라고 불리며 비타민C가 면역력을 강화한다.

식초
구연산이 들어 있다.

만드는 방법

1. 연어, 시금치, 표고버섯, 셀러리, 당근은 먹기 좋은 크기로 썬다. 두부와 옥수수는 푸드 프로세서로 갈아놓는다.
2. 냄비에 연어, 오트밀, 표고버섯, 셀러리, 당근을 넣고 재료가 잠길 정도로 물을 부어서 끓인다.
3. 2가 끓기 시작하면 옥수수와 두부를 넣고 골고루 익힌다. 마지막으로 시금치를 넣어 데친 다음 식초 한 방울을 떨어뜨리면 완성.

조리 POINT

식이섬유가 풍부한 버섯과 채소로 장을 깨끗하게 하자! 오트밀과 옥수수, 두부로 포만감을 느끼게 한다.

1군 : 곡류 2군 : 육류, 생선, 달걀, 유제품 3군 : 채소, 해조류, 과일 α : 유지류 α : 풍미

 콜레스테롤 수치를 낮춰서 혈액을 맑게 한다

정어리 샐러드 비빔밥

재료

정어리
DHA, EPA가 풍부한 단백질원이다.

잡곡밥
비타민과 미네랄이 풍부한 에너지원이다.

생강
해독을 하고 식욕을 증진시킨다.

양상추
비타민U가 위 점막을 보호한다.

토마토
항산화물질인 리코펜이 함유되어 있다.

오이
수분이 풍부하고 이뇨 작용을 한다.

오크라
단백질 흡수를 돕는 뮤신이 들어 있다.

호두
비타민E 공급원.

만드는 방법

1. 정어리, 양상추, 토마토, 오이, 오크라, 호두는 먹기 좋은 크기로 썰고, 생강은 갈아놓는다.
2. 정어리에 생강을 섞어서 냄비에 넣고 살을 으깨면서 익힌다.
3. 잡곡밥에 정어리와 썰어놓은 채소를 넣고 잘 섞는다.

조리 POINT

콜레스테롤 수치를 낮추는 데 등푸른생선이 좋다. 채소에 함유된 식이섬유는 콜레스테롤을 흡착해서 체외로 배출한다.

1군 : 곡류　2군 : 육류, 생선, 달걀, 유제품　3군 : 채소, 해조류, 과일　α : 유지류　α : 풍미

동공 속이 하얗게 변하면 백내장인지 의심해야 합니다

백내장

수정체의 일부 또는 전체가 하얗게 혼탁해집니다. 백내장은 악화되면 실명할 수도 있습니다. 조기에 발견해서 치료하는 것이 중요합니다.

증상

수정체가 하얗게 혼탁해져서 시력이 떨어지면 걸음걸이가 불안정해지고 가구 등에 자주 부딪칩니다. 증상이 악화되면 수정체가 망가질 수도 있습니다.

원인

백내장은 유전적인 기형에 따른 선천성 백내장과 생활환경의 영향으로 생기는 약년성 백내장, 나이가 들면서 생기는 노년성 백내장 크게 세 종류로 나눌 수 있습니다. 그 밖에도 당뇨병, 외상, 중독 등으로 생깁니다.

관리

가벼운 백내장은 비타민C를 많이 섭취시키면 좋아지기도 합니다. 체내 활성산소를 없애기 위해 항산화물질을 함유한 식재료를 음식에 자주 활용해주세요.

백내장에 효과적인 영양소 Best 5

❶ 비타민C

활성산소를 제거한다.

|함유 식품| 무, 브로콜리, 콜리플라워, 호박, 소송채, 고구마, 피망, 파슬리, 순무

❷ 비타민E

항산화 작용을 하고 노화를 방지한다.

|함유 식품| 호두, 식물성 기름, 콩, 가다랑어, 쑥갓, 참깨

❸ 아스타잔틴

눈 질환을 개선한다.

|함유 식품| 연어, 연어알, 벚꽃새우

❹ DHA

염증을 억제하고 면역력을 유지한다

|함유 식품| 정어리, 고등어, 전갱이, 참치, 방어, 연어, 벚꽃새우, 꽁치

❺ 비타민A, 베타카로틴

눈을 건강하게 만든다.

|함유 식품| 간(소, 돼지, 닭), 달걀노른자, 시금치, 소송채, 당근, 호박

비타민A로 눈의 건강을 유지시킨다

닭고기가 들어간 된장국

재료

닭가슴살
비타민A를 함유한 단백질원이다.

쌀밥
에너지원.

당근
베타카로틴과 비타민C가 면역력을 높이고 감염증을 예방한다.

청경채
베타카로틴이 함유되어 있고 기름에 볶아 먹이는 게 좋다.

아스파라거스
베타카로틴과 비타민C가 들어 있다. 세포를 정상적으로 만드는 엽산도 있다.

순무
비타민C가 풍부하며 소화 효소인 아밀레이스가 들어 있다.

참기름
에너지원.

된장
발효 식품으로 이소플라본이 함유되어 있다.

벚꽃새우
칼슘과 아스타잔틴이 풍부하다.

만드는 방법

1. 닭가슴살, 당근, 청경채, 아스파라거스는 먹기 좋은 크기로 썰고, 순무는 갈아놓는다. 냄비에 참기름을 두르고 닭고기, 벚꽃새우, 당근을 볶는다.
2. 냄비에 아스파라거스, 청경채, 쌀밥, 된장 1작은술을 넣고 재료가 잠길 정도로 물을 부어서 부드러워질 때까지 끓인다. 재료가 다 익으면 순무를 넣고 잘 섞는다.
3. 30도 정도로 식히면 완성.

1

2

3

조리 POINT

'눈의 비타민'이라고 불리는 비타민A는 지용성이므로 식물성 기름에 볶아서 먹이자. 동물성 단백질과 녹황색 채소를 함께 요리하면 비타민A를 효과적으로 섭취시킬 수 있다.

1군 : 곡류 2군 : 육류, 생선, 달걀, 유제품 3군 : 채소, 해조류, 과일 α : 유지류 α : 풍미

항산화물질로 활성산소를 제거한다

두유 현미 채소죽

재료

달걀
망간이 항산화 작용을 한다.

파르메산치즈
칼슘 공급원이며 입맛을 돋운다.

현미밥
셀레늄이 항산화 작용을 한다.

두유
흡수가 잘되는 식물성 단백질로 이소플라본이 들어 있다.

호박
베타카로틴이 면역력을 높인다.

브로콜리
비타민C가 풍부하다.

올리브유
에너지원.

벚꽃새우
칼슘과 아스타잔틴이 풍부하다.

검은깨
안토시아닌이 함유된 비타민E 공급원이다.

만드는 방법

1. 호박과 브로콜리를 먹기 좋은 크기로 썬다.
2. 냄비에 현미밥, 호박, 벚꽃새우를 넣고 재료가 잠길 정도로 물을 부어서 끓인다. 국물이 끓기 시작하면 두유와 브로콜리를 넣고 골고루 익을 때까지 끓인다.
3. 2에 달걀을 풀어 넣어 익혀서 그릇에 담는다. 검은깨, 파르메산치즈, 올리브유 1작은술을 위에 뿌리면 완성.

조리 POINT

비타민C와 비타민E, 베타카로틴 같은 항산화물질이 함유된 식품으로 음식을 만든다. 지용성 비타민과 수용성 비타민을 효과적으로 섭취시키려면 식물성 기름에 식재료를 볶은 후에 끓여 먹이자.

1군 : 곡류 2군 : 육류, 생선, 달걀, 유제품 3군 : 채소, 해조류, 과일 α : 유지류 α : 풍미

 눈에 필요한 비타민C를 섭취시키자

연어 시금치 파스타

재료

연어
아스타잔틴이 항산화 작용을 한다.

마카로니
에너지원.

옥수수
식이섬유를 함유한 에너지원이다.

콜리플라워
비타민C가 풍부하다.

파프리카
비타민C와 함께 비타민P도 함유되어 있어서 가열에 따른 비타민C의 손실이 적다.

파슬리
베타카로틴과 비타민C를 함유한다.

시금치
비타민C를 포함한 비타민과 미네랄이 풍부해서 활력소가 된다. 활성산소도 제거한다.

올리브유
에너지원.

만드는 방법

1. 연어, 콜리플라워, 파프리카, 시금치는 먹기 좋은 크기로 썰고, 옥수수와 파슬리는 푸드 프로세서로 갈아놓는다. 마카로니와 시금치는 미리 데친다.
2. 냄비에 올리브유를 두르고 연어를 볶는다.
3. 2에 나머지 재료와 물 100ml를 부어서 모든 재료가 부드러워질 때까지 끓인다.

조리 POINT

눈은 몸에서 비타민C를 가장 많이 함유한 부분이다. 채소를 듬뿍 넣은 음식으로 비타민C를 섭취시킨다. 날마다 비타민C를 충분히 섭취시킬 수 있도록 음식에 신경 써 주자!

1군 : 곡류 2군 : 육류, 생선, 달걀, 유제품 3군 : 채소, 해조류, 과일 α : 유지류 α : 풍미

 혈액순환을 촉진하고 노화를 방지한다

전갱이를 넣은 양상추 볶음밥

재료

전갱이
DHA가 노화를 막는다.

현미밥
비타민E가 세포의 노화를 방지한다.

양상추
비타민U로 위 점막을 보호한다.

당근
베타카로틴과 비타민C가 면역력을 높이고 감염증을 예방한다.

소송채
항산화 비타민이 풍부하다.

파프리카
비타민C와 함께 비타민P도 함유되어 있어서 가열에 따른 비타민C의 손실이 적다.

참기름
에너지원.

벚꽃새우
칼슘과 아스타잔틴이 풍부하다.

참깻가루
비타민E 공급원.

만드는 방법

1. 전갱이, 양상추, 당근, 소송채, 파프리카를 먹기 좋은 크기로 썬다.
2. 냄비에 참기름을 두르고 전갱이를 먼저 익힌다. 여기에 현미밥과 당근, 소송채, 파프리카, 참깻가루, 벚꽃새우를 넣고 잘 섞어가며 볶는다.
3. 마지막으로 양상추를 넣고 재료가 다 익으면 완성.

조리 POINT

DHA가 함유된 등푸른생선을 섭취시켜서 노화를 방지한다. 제철 생선을 사용하면 좋다. 비타민A, 비타민C, 비타민E로 혈관을 강화하고 항산화 작용으로 생기 넘치는 몸을 만들어주자.

1군 : 곡류　2군 : 육류, 생선, 달걀, 유제품　3군 : 채소, 해조류, 과일　α : 유지류　α : 풍미

귀를 끊임없이 긁으면 주의해야 합니다

외이염

귓구멍에 생기는 감염증입니다. 염증이 발병하지 않도록 적절한 식사로 체력을 유지시키고, 귀청소를 할 때는 자극이 덜 가도록 조심스럽게 해주세요.

증상

왁스처럼 미끈거리거나 축축한 상태의 귀지가 귓구멍에 쌓이는데, 몇 번씩 닦아줘도 계속 생깁니다. 귀를 자꾸 긁는다면 외이염을 의심해보세요.

원인

세균 및 곰팡이 등 병원체 감염을 주원인으로 생각할 수 있지만 대부분은 상재균입니다. 오히려 '상재균 감염으로 발병할 정도로 체력과 저항력이 약해진 상태'가 문제입니다. 생리식염수 등으로 귀를 자주 닦아서 청결하게 해줘야 합니다.

관리

몸속 노폐물을 잘 배출시키면 귀지가 잘 생기지 않습니다. 배설이 원활해지도록 물과 음식에 신경 써주세요. 귀를 닦을 때 생강이나 무를 갈아서 물에 섞은 것을 귀에 흘려놓고 탈지면으로 닦아주세요. 귀지를 제거하는 데 좋습니다.

외이염에 효과적인 영양소 Best 5

❶ 비타민C

콜라겐을 생성하고
피부와 혈관을 보호한다.

| 함유 식품 | 무, 브로콜리, 콜리플라워, 호박, 소송채, 고구마, 피망, 파슬리, 토마토, 당근, 파프리카

❷ 비타민A, 베타카로틴

피부를 건강하게 유지한다.

| 함유 식품 | 간(소, 돼지, 닭), 달걀노른자, 시금치, 소송채, 당근, 호박

❸ EPA

알레르기를 예방한다.

| 함유 식품 | 정어리, 꽁치, 고등어, 벚꽃새우, 뱅어포, 말린 멸치

❹ 레시틴

세포막을 구성한다.

| 함유 식품 | 콩, 달걀노른자

❺ 알파 리놀렌산

EPA의 작용을 돕는다.

| 함유 식품 | 아마인유, 차조기유(자소유), 들기름, 포도씨유, 카놀라유, 호두

염증을 억제하고 피부를 개선한다

생강으로 풍미를 더한 고등어 채소죽

재료

고등어
DHA, EPA가 풍부한 단백질원이다.

율무밥
소염, 진통, 이뇨 효과가 있다.

콩
사포닌을 함유한 식물성 단백질이다.

토마토
소염 작용을 하며 항산화물질인 리코펜이 들어 있다.

양상추
비타민U가 위 점막을 보호한다.

소송채
쓴맛이 약해서 모든 음식에 활용하기 좋은 녹황색 채소다. 율무와 조합하면 더욱 좋다.

호박
비타민C가 면역력을 강화한다.

생강
항균 작용을 한다.

카놀라유
EPA의 기능을 돕는 에너지원이다.

만드는 방법

1. 백미와 율무를 8:2 비율로 섞어서 밥을 짓는다. 고등어, 토마토, 양상추, 소송채, 호박은 먹기 좋은 크기로 썰고, 생강은 갈아놓는다.
2. 냄비에 고등어와 생강을 넣고 볶다가 율무밥, 삶은 콩, 소송채, 호박을 넣은 뒤, 재료가 잠길 정도로 물을 부어서 끓인다. 재료가 다 익으면 양상추와 토마토, 카놀라유를 넣는다.
3. 재료를 골고루 섞으면 완성.

1

2

3

조리 POINT

율무는 대사를 촉진하고 몸속 수분의 흐름을 개선한다. 진통 및 소염 효과도 있다. 율무를 소화가 잘되도록 부드러워질 때까지 푹 끓이는 것이 중요하다.

1군:곡류 2군:육류, 생선, 달걀, 유제품 3군:채소, 해조류, 과일 α:유지류 α:풍미

식이섬유로 배설을 원활하게 하자

채소와 낫토를 넣은 우동

재료

정어리
EPA는 혈액순환을 촉진한다.

달걀
레시틴이 세포막을 생성한다.

우동
에너지원.

팽이버섯
식이섬유가 풍부하고 칼로리가 낮다.

우엉
식이섬유가 풍부하고 해독 작용이 있다.

당근
이뇨 작용을 돕는 칼륨이 풍부하다. 베타카로틴과 비타민C가 면역력을 높이고 감염증을 예방한다.

낫토
나토키나아제로 혈액을 맑게 한다. 이뇨 작용을 한다. 지질대사를 촉진하는 사포닌도 들어 있다.

소송채
베타카로틴이 풍부하다.

카놀라유
EPA의 기능을 돕는다.

만드는 방법

1. 정어리, 팽이버섯, 우엉, 당근, 소송채를 먹기 좋은 크기로 썬다.
2. 냄비에 정어리를 넣고 볶다가 우동, 팽이버섯, 우엉, 당근을 넣은 뒤, 재료가 잠길 정도로 물을 부어서 부드러워질 때까지 끓인다.
3. 마지막으로 소송채와 낫토, 풀어놓은 달걀을 넣어서 골고루 섞고 카놀라유를 뿌린다.

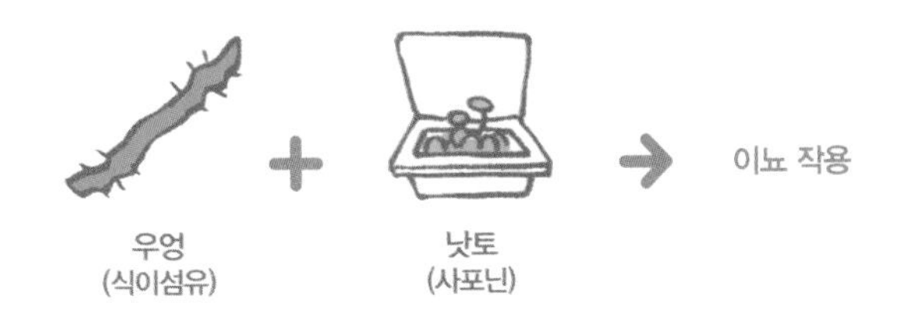

조리 POINT

당근이나 낫토처럼 이뇨 작용을 하는 재료와 식이섬유가 풍부한 채소를 함께 요리한다. 등푸른생선에 함유된 EPA는 알레르기를 예방하는 효과가 있다. 등푸른생선은 제철 생선으로 먹이면 좋다. 카놀라유의 알파 리놀렌산은 EPA의 기능을 돕는다.

1군 : 곡류 2군 : 육류, 생선, 달걀, 유제품 3군 : 채소, 해조류, 과일 α : 유지류 α : 풍미

세균 감염에 대한 저항력을 길러준다

탄두리 치킨 필래프

재료

닭가슴살
비타민A를 함유한 단백질원이다.

요구르트
피부의 건강을 유지하는 비타민 B2와 비오틴이 들어 있다.

보리밥
해독 작용을 한다.

시금치
베타카로틴이 함유된 녹황색 채소다.

파프리카
비타민C와 함께 비타민P도 들어 있어서 가열에 따른 비타민 C의 손실이 적다.

호두
비타민E를 함유한다.

콩
세포막을 구성하는 레시틴이 들어 있다.

꼬투리 강낭콩
비타민을 함유하며 항균 해독 작용이 있다.

울금(강황)가루
간 기능을 강화하고 염증을 억제한다.

벚꽃새우
칼슘과 아스타잔틴이 들어 있으며 입맛을 돋운다.

만드는 방법

1. 닭가슴살, 시금치, 파프리카, 꼬투리 강낭콩을 먹기 좋은 크기로 썬다.
2. 닭고기, 요구르트, 울금가루를 한데 잘 섞고, 백미와 보리를 8 : 2 비율로 섞어서 밥을 짓는다.
3. 냄비에 2의 닭고기를 넣어서 굽다가 보리밥과 시금치, 삶은 콩, 호두, 파프리카, 꼬투리 강낭콩, 벚꽃새우, 물 100ml를 넣고 잘 섞어가며 볶는다.

조리 POINT

베타카로틴과 비타민C가 풍부한 녹황색 채소로 면역력을 강화한다. 항균 및 해독 작용을 하는 아스파라거스, 꼬투리 강낭콩, 보리를 더해서 세균으로부터 애견을 보호한다.

1군 : 곡류 2군 : 육류, 생선, 달걀, 유제품 3군 : 채소, 해조류, 과일 α : 유지류 α : 풍미

수분이 듬뿍 들어 있는 밥으로 노폐물을 배출시키자

바지락 국밥

재료

달걀
아미노산의 균형이 잘 잡힌 단백질원이다.

잡곡밥
비타민과 미네랄을 함유한 에너지원이다.

브로콜리
비타민C가 풍부하다.

당근
베타카로틴과 비타민C가 면역력을 높이고 감염증을 예방한다.

김
부족해지기 쉬운 미네랄을 보충한다.

카놀라유
비타민E 공급원인 리놀렌산이 함유되어 있다.

뱅어포
입맛을 돋우는 칼슘 공급원이다.

바지락
아연으로 피부를 건강하게 유지한다.

만드는 방법

1. 브로콜리와 당근을 먹기 좋은 크기로 썬다. 김은 잘게 자른다.
2. 냄비에 바지락을 넣은 뒤 바지락이 잠길 정도로 물을 붓고 끓여서 육수를 낸다. 바지락은 껍데기를 제거하고 살을 발라서 육수에 다시 넣는다.
3. 뱅어포, 잡곡밥, 당근을 육수에 넣고 끓인다. 육수가 끓기 시작하면 브로콜리를 넣고 재료가 다 익으면 달걀을 풀어서 붓는다. 마지막으로 카놀라유를 넣고 김을 뿌린다.

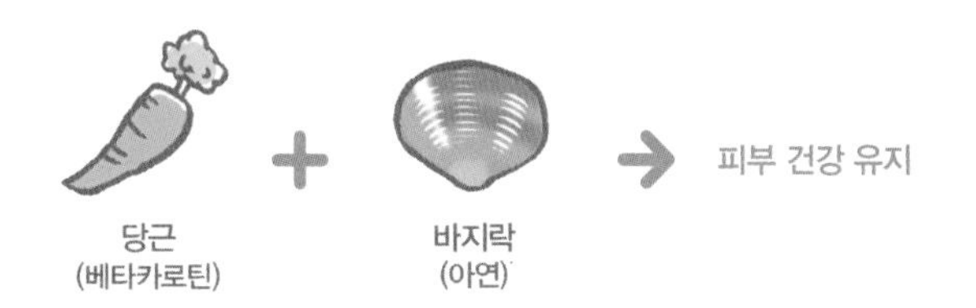

조리 POINT

노폐물을 배출시키려면 수분을 듬뿍 섭취시키자. 국물까지 다 먹도록 육수로 맛을 내 풍미를 더하자.

1군 : 곡류 2군 : 육류, 생선, 달걀, 유제품 3군 : 채소, 해조류, 과일 α : 유지류 α : 풍미

반려견의 피부뿐만 아니라 사람도 피해를 입습니다

벼룩, 진드기, 외부기생충

벼룩이나 진드기 자체로 입는 피해는 적더라도 심각한 병의 원인이 되는 병원체를 옮길 수도 있습니다.

증상

벼룩이 기생하면 탈모 및 빨간 발진이 일어나고 가려움증이 심해집니다. 진드기가 기생하면 탈모가 생기거나 비듬이 딱딱하게 굳습니다. 그 딱딱한 비듬이 두꺼운 딱지가 되면 애견은 딱지를 뜯으려고 긁으면서 아파합니다. 심하면 극심한 가려움증을 동반한 발진도 일어납니다. 또 진드기의 종류에 따라서 물린 부위의 통증이 다릅니다. 많이 아프면 애견의 걸음걸이가 부자연스러워지기도 합니다.

원인

벼룩이나 진드기 등이 몸에 달라붙거나 기생하는 것이 원인입니다. 건강한 개는 영향을 적게 받지만 몸 상태가 좋지 않은 개는 바로 증상이 나타납니다.

관리

몸속 노폐물이 쌓여 있으면 벼룩이나 진드기가 더 잘 붙습니다. 수분이 많은 수제 음식을 먹이거나 적당량의 마늘을 먹이는 것도 좋습니다. 기생충 제거에 좋은 허브도 있습니다.(226쪽 참조)

벼룩, 진드기, 외부기생충에 효과적인 영양소 Best 5

❶ 사포닌

노폐물 배출을 돕는다.

|함유 식품| 콩, 두부, 낫토, 된장, 비지, 유부, 두유, 팥

❷ 비오틴

피부염을 예방한다.

|함유 식품| 간(소, 돼지, 닭), 정어리, 달걀, 견과류, 콩가루, 콜리플라워

❸ 비타민A, 베타카로틴

피부를 건강하게 유지한다.

|함유 식품| 간(소, 돼지, 닭), 달걀노른자, 시금치, 소송채, 당근, 호박, 쑥갓

❹ 이눌린

노폐물 배출을 돕는다.

|함유 식품| 우엉, 치커리, 마늘

❺ 황

유해 미네랄을 배출한다.

|함유 식품| 무, 마늘, 달걀, 콩, 참치의 붉은살, 방어, 닭가슴살, 소 넓적다리살, 돼지 넓적다리살

면역력을 강화해서 피부를 건강하게!

닭고기 버섯죽

재료

닭가슴살
비타민A를 함유한 단백질원이다.

닭 간
비타민A가 풍부하고 비오틴과 아연도 함유한다.

잡곡밥
비타민과 미네랄을 함유한 에너지원이다.

표고버섯
베타글루칸으로 면역력을 강화한다.

유부
사포닌을 함유한다.

미역
아이오딘은 피부 건강에 좋다.

당근
베타카로틴과 비타민C가 면역력을 높이고 감염증을 예방한다.

우엉
이눌린과 식이섬유가 해독 작용을 한다.

올리브유
에너지원.

만드는 방법

1. 닭가슴살, 닭 간, 표고버섯, 유부, 미역, 당근, 우엉을 먹기 좋은 크기로 썬다.
2. 냄비에 올리브유를 두르고 닭가슴살과 닭 간을 넣어서 색이 하얗게 변할 때까지 볶는다. 색이 변하면 잡곡밥, 표고버섯, 우엉, 유부, 당근을 넣고 재료가 잠길 정도로 물을 부어서 끓인다. 재료가 부드러워지면 미역을 넣는다.
3. 재료를 골고루 잘 섞으면 완성.

1

2

3

조리 POINT

식물성 기름을 더해서 비타민A의 흡수율을 높이자. 비타민A, 아이오딘, 아연, 비오틴이 함유된 식품은 피부를 건강하게 유지시킨다. 해충이 접근하지 못하도록 노폐물을 잘 배출시키자. 면역력도 강화해 벌레에 물려도 끄떡없는 몸을 만들어준다.

1군 : 곡류 2군 : 육류, 생선, 달걀, 유제품 3군 : 채소, 해조류, 과일 α : 유지류 α : 풍미

 노폐물을 제거해 해충의 접근을 막는다

뿌리채소를 듬뿍 넣은 국밥

재료

참치
황을 함유한 단백질원이다.

바지락
아연이 피부를 건강하게 유지한다.

보리밥
비타민과 미네랄을 함유한 에너지원이며 해독 작용을 한다.

콩
사포닌이 이뇨를 촉진한다.

당근
베타카로틴과 비타민C가 면역력을 높이고 감염증을 예방한다.

우엉
이눌린과 식이섬유가 해독 작용을 한다.

무
황을 함유한다.

꼬투리 강낭콩
비타민이 풍부하며 해독 작용을 한다.

콩가루
비오틴이 피부염을 예방한다.

만드는 방법

1. 참치, 우엉, 당근, 무, 꼬투리 강낭콩은 먹기 좋은 크기로 썬다.
2. 냄비에 참치, 콩, 우엉, 당근, 무, 보리밥을 넣는다. 바지락으로 만든 육수를 재료가 잠길 정도로 부어서 끓인다.
3. 재료가 다 익으면 꼬투리 강낭콩과 콩가루를 넣고 다시 팔팔 끓인다.

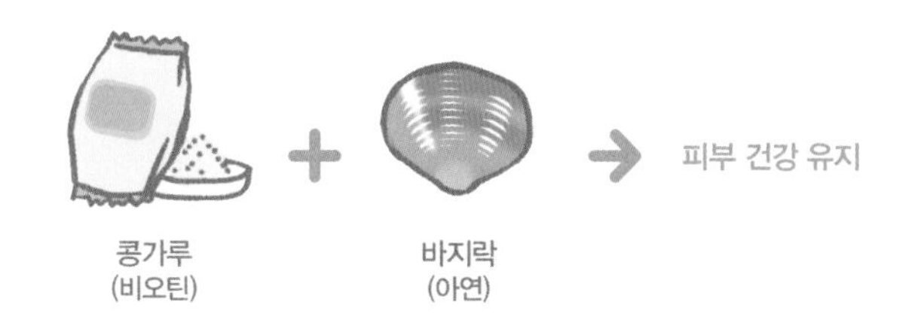

조리 POINT

이뇨 및 해독 작용이 있는 식품으로 음식을 만들고, 수분이 많은 국밥을 먹여서 배설을 돕는다. 수분이 많은 것을 싫어하는 애견에게는 참마나 칡가루를 넣어 걸쭉하게 만들어주자. 감칠맛을 내는 육수로 입맛을 돋운다.

1군 : 곡류 2군 : 육류, 생선, 달걀, 유제품 3군 : 채소, 해조류, 과일 α : 유지류 α : 풍미

피부의 생성을 돕는다

방어를 넣은 채소 된장국

재료

방어
DHA, EPA를 함유한 단백질원이며 혈액순환을 촉진한다.

율무밥
염증을 억제한다.

생강
쇼가올이 항균 작용을 한다.

쑥갓
베타카로틴이 풍부해 면역력을 강화한다.

콜리플라워
비타민C와 비오틴을 함유하며 피부염을 예방한다.

호박
베타카로틴이 면역력을 높인다.

두유
식물성 단백질로 콩의 이소플라본을 함유한다.

우엉
이눌린이 노폐물 배출을 돕는다.

된장
사포닌이 이뇨 작용을 한다.

만드는 방법

1. 방어, 쑥갓, 콜리플라워, 우엉, 호박은 먹기 좋은 크기로 썰고, 생강은 갈아놓는다.
2. 냄비에 방어와 생강을 넣고 방어의 표면을 굽다가 율무밥, 된장 1작은술, 콜리플라워, 우엉, 호박, 두유를 넣는다. 재료가 잠길 정도로 물을 부어서 부드러워질 때까지 끓인다.
3. 마지막으로 쑥갓을 넣고 모든 재료를 잘 섞는다.

조리 POINT

피부의 건강을 유지하려면 노폐물을 체외로 배출시키자! 사포닌은 이뇨 작용을 하며 염증을 억제해 피부를 건강하게 만든다. 율무는 딱딱하므로 부드러워질 때까지 푹 끓여서 사용하자.

1군 : 곡류 2군 : 육류, 생선, 달걀, 유제품 3군 : 채소, 해조류, 과일 α : 유지류 α : 풍미

해충 방지! 벼룩과 진드기의 접근을 막는다

소고기 마늘 덮밥

재료

소 넓적다리살
비타민B6가 알레르기를 줄인다.

쌀밥
에너지원.

파프리카
비타민C가 면역력을 강화한다.

마늘
황을 함유한다.

브로콜리
비타민C가 풍부하다.

아몬드 슬라이스
비타민E 공급원.

팥
사포닌이 노폐물 배출을 촉진한다.

당근
베타카로틴이 면역력을 높인다.

참기름
비타민E 공급원.

만드는 방법

1. 소 넓적다리살, 파프리카, 브로콜리, 당근은 먹기 좋은 크기로 썬다. 마늘은 갈고 팥은 삶는다.
2. 냄비에 참기름을 두르고 마늘, 팥, 소고기를 볶는다.
3. 소고기가 익으면 파프리카, 브로콜리, 아몬드 슬라이스, 당근을 볶는다. 지어놓은 쌀밥과 볶은 소고기, 채소를 잘 섞는다.

조리 POINT

마늘 향에는 해충 방지 효과가 있다. 많이 섭취시키면 빈혈을 일으킬 수 있으므로 조심하자. 체중 10kg인 개라면 1~2일에 한 쪽 정도가 적당하다.

1군 : 곡류 2군 : 육류, 생선, 달걀, 유제품 3군 : 채소, 해조류, 과일 α : 유지류 α : 풍미

Column

여름철 더위를 탈 때 먹이는 음식

반려견이 여름철 더위를 탈 때 어떤 음식을 먹여야 할까요? 더위를 물리치고 건강한 몸을 유지시키는 데 필요한 영양소를 알려드리겠습니다.

더위를 탈 때 증상

강아지는 평균 체온이 약 38~39도로 여름철에 더위를 쉽게 느낍니다. 열사병 증상으로는 눈물을 흘리거나 눈곱이 끼고 심하면 눈이 충혈되기도 합니다. 숨을 가쁘게 쉬거나 끈적한 침을 흘리기도 하지요. 설사나 혈변을 본다면 바로 병원에 데려가세요. 반려인도 함께 덥다고 해서 에어컨의 온도를 너무 낮게 하면 애견이 감기에 걸릴 수도 있으니 적정한 온도에 맞춰 틀어놓으세요.

증상 개선

탈진을 예방하고 체온 조절을 돕기 위해 충분히 수분을 공급해줘야 합니다. 수분량이 많은 국밥을 만들어주세요. 오이나 동아, 호박 등 여름철 채소를 활용해도 좋습니다. 또 여름에 진드기와 벼룩을 피하려면 털을 너무 짧게 자르지 말아야 합니다. 다른 계절보다는 목욕을 자주 시키고, 눈, 귀, 구강 청결에 더욱 신경 써주세요. 빗으로 털 관리를 해주면 좋습니다. 산책은 시원한 저녁 시간에 시켜주세요. 여름엔 실내에 대리석이나 패드 등을 놓아 시원한 자리를 만들어주는 것도 좋습니다.

조리 POINT

개도 먹어야 체력을 회복한다! 개가 좋아하는 육수와 유제품 등으로 입맛을 돋우자. 여름의 제철 음식을 생으로 먹으면 몸속의 열기를 식힐 수 있다. 토마토나 오이 등을 음식 위에 생으로 올리는 것도 좋다.

더위를 해소시키는 영양소 Best 5

❶ 단백질

튼튼한 몸을 만들어주고
저항력을 강화한다.

|함유 식품| 닭고기, 달걀, 소고기, 돼지고기, 정어리, 전갱이, 대구, 참치, 연어, 두유, 두부, 콩, 유제품

❷ 당질

에너지원을 공급하고
피로 해소를 돕는다.

|함유 식품| 백미, 현미, 율무, 우동, 메밀국수, 밀, 고구마, 과일, 과일즙

❸ 비타민B1

당질대사를 촉진하고
피로를 해소시켜 활력소가 된다.

|함유 식품| 돼지고기, 닭 간, 연어, 정어리, 현미, 콩, 낫토, 두부, 꼬투리 강낭콩, 시금치

❹ 비타민C

스트레스에 대한 저항력을 높이고
식욕을 증진시킨다.

|함유 식품| 브로콜리, 콜리플라워, 피망, 토마토, 호박, 시금치, 과일

❺ 아스파라긴산

젖산을 분해하고 물질대사를 촉진해서
체력을 향상시킨다.

|함유 식품| 아스파라거스, 콩, 두부, 뱅어포, 가다랑어포

우리 아이가 다 나았어요!

치료에 도움을 준 레시피 사례 26

구내염, 치주 질환

다케나카 사토루

골든레트리버

성별 수컷

나이 5세

어떻게 개선되었을까요?

수제 음식으로 바꿨더니 이틀 만에 피부의 느낌이 달라져서 깜짝 놀랐습니다. 확실히 수분이 모자랐던 모양입니다. 2주 정도는 구취와 체취가 심했지만 1개월째에는 냄새가 거의 없어졌습니다. 음식을 잘 먹을 수 있게 되자 식욕이 생겼습니다. 수제 음식을 꾸준히 먹이니 3개월 만에 건강한 모습을 되찾았습니다.

음식을 만들 때 이런 점을 주의했어요

딱딱하거나 덩어리가 있는 음식을 먹지 못해서 푸드 프로세서로 갈아주었습니다. 유동식을 싫어하던 사토루도 스퀴즈 보틀에 담아서 입에 넣어 주니 맛있게 먹었습니다. 특히 정어리와 같은 등푸른생선을 즐겨 먹었습니다.

몸에 좋은 영양소와 식재료

영양소	기능	식재료
나이아신	혈액순환을 촉진해서 빠른 치유를 돕는다.	땅콩, 잎새버섯, 고등어
베타카로틴	점막을 강화한다.	당근, 소송채, 호박 등 녹황색 채소
비타민C	면역력을 강화한다.	무, 양배추, 과일
비타민B1	세포 재생을 촉진한다.	돼지고기, 콩 제품
비타민B2	세포 재생을 촉진한다.	유제품, 녹황색 채소, 콩 제품, 달걀노른자
비타민B6	면역력을 강화한다.	정어리, 가다랑어, 바나나
비타민B12	엽산의 기능을 돕는다.	정어리, 고등어, 연어, 달걀, 낫토
비타민E	감염증에 대한 저항력을 기른다.	식물성 기름, 참깨
엽산	세포의 정상적인 기능을 유지한다.	시금치, 브로콜리, 콩, 간(소, 돼지, 닭)

레시피 1

낫토를 얹은 돼지고기 채소죽

재료

돼지고기
쌀밥
낫토
소송채
당근
우엉
양배추
참깨 페이스트
건강보조식품

만드는 방법

1. 갈아놓은 돼지고기와 잘게 썬 채소, 쌀밥, 참깨 페이스트를 냄비에 넣고 재료가 잠길 정도로 물을 부은 뒤, 채소가 부드러워질 때까지 끓인다.
2. 1을 식혀서 건강보조식품을 넣고 잘 섞은 다음 낫토를 올리면 완성.

조리 POINT

입안의 점막을 강화하고 비타민A(베타카로틴)를 효과적으로 섭취시킬 수 있도록 식재료를 기름에 한 번 볶은 뒤 끓이는 것이 좋다. 제철 녹황색 채소로 베타카로틴을 섭취시키자. 이를테면 봄에는 완두콩, 여름에는 호박, 가을에는 청경채, 겨울에는 브로콜리 등으로 음식을 만든다.

도움말

멀티 비타민과 미네랄 보조식품 같은 건강보조식품에는 무엇이 들어 있을까?

제조회사마다 차이는 있지만 대부분 베타카로틴, 비타민C, 비타민D, 비타민E, 비타민B1, 비타민B2, 비타민B6, 비타민B12, 나이아신, 엽산, 비오틴, 칼슘, 철, 아이오딘, 마그네슘, 나트륨, 아연, 구리 등이 들어 있다.

기본 국밥 만들기

| 재료 | 다시마, 말린 표고버섯, 바지락, 우엉 등 채소

| 만드는 방법 |

1. 속이 깊은 냄비에 다시마 한 장, 말린 표고버섯 두 개를 넣고 물을 부어서 이틀 동안 우려낸다. 국물이 연갈색이 되면 육수가 우러난 것이다. 사용한 표고버섯과 다시마는 잘게 다져서 육수에 다시 넣는다.
2. 냄비에 푸드 프로세서로 잘게 다진 채소와 데친 바지락 살을 넣고, 재료가 잠길 정도로 육수를 부어서 채소가 부드러워질 때까지 끓인다.
3. 열을 식히면 완성.

1군: 곡류 2군: 육류, 생선, 달걀, 유제품 3군: 채소, 해조류, 과일 α: 유지류 α: 풍미

구내염, 치주 질환

이름 가네다 리코 견종 포메라니안

성별 암컷 나이 10세

어떻게 개선되었을까요?

리코는 입냄새가 정말 심했습니다. 침도 시도 때도 없이 흘려서 집에 온 손님이 걱정할 정도였습니다. 동물병원에서 혈액 검사를 했더니 치주 질환이었습니다. 또 간과 신장의 수치가 높게 나왔습니다. 알고 보니 간 질환과 신장병을 앓고 있던 것이지요. 결과를 듣고 어쩔 줄 몰라하니 병원 대기실에서 알게 된 분이 수제 음식과 입안 관리 방법을 알려주셨습니다. 이때부터 수제 음식을 먹였습니다. 신기하게도 시작한 지 4, 5일 만에 수제 음식을 먹이기 전과는 비교가 안 될 정도로 냄새가 사라졌습니다.

또 잠을 많이 자던 리코는 전과 달리 활발해져서 장난감도 가지고 놉니다. 수제 음식을 먹인 지 반년 만에 많이 나아져 기뻤습니다. 리코가 앞으로 더욱 건강한 제2의 견생을 즐길 수 있도록 도와주고 싶습니다.

음식을 만들 때 이런 점을 주의했어요

증상이 가라앉을 때까지 음식을 부드럽게 만들었습니다. 양치에 꼼꼼하게 신경 써서 입안의 균을 제거하고 양치 후에는 유산균을 입에 넣어줬습니다. 음식을 먹지 못할 때는 억지로 먹이지 않고 주스처럼 갈아줬습니다. 서로가 힘들었지만 다행히 증상이 빠르게 잘 나았습니다. 음식에 이토록 큰 효력이 있다는 사실을 몰랐습니다. 이번 일을 계기로 앞으로도 수제 음식을 꾸준히 먹일 생각입니다.

레시피 2

닭고기와 녹황색 채소를 넣은 죽

재료

닭고기
현미밥
브로콜리
당근
양배추
녹말가루

만드는 방법

1. 갈아놓은 닭고기와 잘게 썬 채소를 냄비에 넣고 재료가 잠길 정도로 물을 부어서 채소가 부드러워질 때까지 푹 끓인다. 물에 갠 녹말가루를 넣고 잘 휘저어 걸쭉하게 만든다.
2. 현미밥을 그릇에 담고 1을 부으면 완성.

조리 POINT

녹말가루는 위 점막을 보호하는 데 좋다. 칡가루로 바꿀 수 있다. 브로콜리 대신 무나 양배추를 갈아서 음식 위에 올릴 수도 있다. 죽을 만들 때 간(소, 돼지, 닭)을 넣어 비타민A를 섭취시키자.

1군: 곡류 2군: 육류, 생선, 달걀, 유제품 3군: 채소, 해조류, 과일 α: 유지류 α: 풍미

세균, 바이러스, 진균증

이름	우에노 겐타	견종	비글
성별	수컷	나이	4세

어떻게 개선되었을까요?

겐타에게 외이염, 피부 가려움증, 기침, 설사, 구토 등 원인을 알 수 없는 증상이 계속 나타나서 동물병원에 가봤습니다. 하지만 병원에서도 "원인을 알 수 없으니 상태를 지켜봅시다."라는 말뿐이었습니다. 다른 방법을 찾다가 수제 음식을 먹여보기로 했습니다.

수제 음식을 먹인 후 바로 달라진 점은 구취와 체취였습니다. 평소에 '개의 구취와 체취는 원래 이 정도다'라고 생각하고 전혀 신경을 안 썼는데, 수제 음식으로 바꾼 지 이틀 만에 냄새가 완전히 사라져서 깜짝 놀랐습니다.

설사와 구토 증상도 2주 만에 멎어서 겐타와 가족 모두가 편해졌습니다. 하지만 다른 증상은 좋아지기까지 시간이 더 걸렸습니다. 외이염은 2개월, 가려움증과 기침은 4개월 정도가 지나서야 나았습니다.

사료를 먹였을 때는 겐타가 평소에도 힘들어하고 피곤해보였는데, 수제 음식을 먹인 뒤에는 눈이 초롱초롱 빛납니다. 제가 음식을 만들 때 겐타가 부엌에 와서 기대한다는 듯이 앉은 상태로 기다리는 모습을 보면 기쁘고 뿌듯합니다. 음식을 만드는 보람도 느낍니다.

음식을 만들 때 이런 점을 주의했어요

너무 까다롭게 계산하진 않았습니다. 재료를 골고루 사용해 국이나 죽으로 다양하게 만들었습니다. 점막을 강화하면 감염증 예방에 효과적이라는 말을 듣고 베타카로틴과 비타민C를 함유한 식재료를 자주 활용했습니다.

레시피 3

연어와 채소를 듬뿍 넣은 죽

재료

연어
쌀밥
고구마
우엉
당근
무
표고버섯
말린 톳
참기름

만드는 방법

1. 연어는 한입 크기로 썰고, 채소는 잘게 다진다. 우엉은 갈아놓고 톳은 잘게 자른다.
2. 냄비에 1을 넣고 재료가 잠길 정도로 물을 부어서 채소가 부드러워질 때까지 푹 끓인다.
3. 2에 쌀밥을 넣어서 다시 끓인 다음 불을 끄고 참기름을 살짝 뿌려주면 완성.

조리 POINT

연어는 DHA, EPA를 함유하고 개들이 좋아해서 추천하는 식재료다. 좀 더 풍부한 DHA, EPA를 섭취시키고 싶다면 등푸른생선을 먹이자. 우엉, 표고버섯, 톳은 식이섬유가 풍부해서 체내의 노폐물을 배출하는 효과가 있다. 소화가 잘될지 염려된다면 가루로 만들거나 잘게 다져서 넣자. 채소를 갈아서 먹이다가 익숙해지면 다진 채소를 먹여도 된다.

1군: 곡류 2군: 육류, 생선, 달걀, 유제품 3군: 채소, 해조류, 과일 α: 유지류 α: 풍미

세균, 바이러스, 진균증

이름	가마타 조세핀	견종	불도그
성별	암컷	나이	6세

어떻게 개선되었을까요?

조세핀은 온몸에 습진이 있었고 구취와 체취가 심했습니다. 구토와 설사, 대하증까지 상황이 매우 심각했습니다. 수제 음식으로 바꾸고 나니 구취와 구토 증상이 일주일 만에 사라졌습니다. 소변 냄새는 수제 음식을 먹인 뒤에 심해졌다가 5일 정도 지나자 사라졌고, 체취도 한 번 심해졌지만 1개월 만에 없어졌습니다. 설사와 대하증은 좀처럼 낫지 않았는데 2개월 반 정도가 지나자 괜찮아졌습니다. 한때는 잘못되지 않을까 걱정할 정도로 몸 상태가 안 좋았지만 수제 음식으로 건강해져서 다행입니다.

음식을 만들 때 이런 점을 주의했어요

일을 하는 탓에 손이 많이 가는 음식을 만들 수 없어서 냉동식품(혼합 채소)이나 멸치가루 등으로 쉽게 만들었습니다. 수제 음식을 먹이기 시작했을 때 채소가 소화되지 않고 변으로 나와서 걱정도 했습니다. 푸드 프로세서로 갈아주고 으깨주었더니 괜찮아졌습니다. 영양소를 꼼꼼히 계산하는 것은 성격상 꾸준히 못 할 것 같았고, 또 비율만 맞춰도 괜찮다 하셔서 영양소 기준은 참고 정도로만 활용했습니다. 맛있게 먹고 건강해지는 게 중요하다고 생각합니다. 간단하게 만든 음식으로도 효과를 봐서 좋았습니다.

레시피 4

대구 국밥

재료

대구
쌀밥
혼합 채소
(옥수수, 완두콩, 당근)
우엉
양배추
표고버섯
멸치가루
녹말가루

만드는 방법

1. 푸드 프로세서로 채소를 간다.
2. 냄비에 1과 한입 크기로 썬 대구살, 멸치가루를 넣고, 재료가 잠길 정도로 물을 부어서 채소가 익을 때까지 푹 끓인다. 물에 갠 녹말가루를 넣어 걸쭉하게 만든다.
3. 쌀밥을 그릇에 담고 2를 부으면 완성.

조리 POINT

채소를 얼려놓고 필요할 때마다 꺼내서 사용하면 음식을 꾸준히 간편하게 만들 수 있다. 베타카로틴을 함유한 제철 녹황색 채소를 더하면 훨씬 좋다. 흡수율을 높이기 위해 기름에 볶는 것을 추천한다. 지방이 적은 대구, 식이섬유를 함유한 우엉, 비타민B1과 비타민B2를 함유한 말린 멸치는 다이어트에도 좋다. 마늘을 조금 넣으면 진균 감염에 대처하는 데도 효과적이다.

1군: 곡류 2군: 육류, 생선, 달걀, 유제품 3군: 채소, 해조류, 과일 α: 유지류 α: 풍미

배설 불량 (눈물 자국)

마쓰다 유우, 마쓰다 아이

롱코트 치와와(장모 치와와)

수컷, 암컷

3세, 9세

어떻게 개선되었을까요?

'유우'는 한눈에 알아볼 수 있을 정도로 눈물 자국이 심했는데 수제 음식을 먹고 반 년 만에 깨끗해졌습니다.

'아이'는 7세 때 단백질 상실성 위장증•이라는 병에 걸렸습니다. 좋다는 여러 건식 사료를 먹여봤지만 이렇다 할 효과가 없었습니다. 그 와중에 간 기능 장애까지 생겨 힘들었습니다.

수제 음식으로 바꿔서 먹이자 3개월 만에 혈액 검사 결과에서 모든 수치가 정상으로 돌아왔습니다. 수분을 많이 섭취시킨 탓인지 예전보다 소변량이 배로 많아졌고, 황달 증상으로 짙었던 '아이'의 소변 색도 연해졌습니다.

음식을 만들 때 이런 점을 주의했어요

수분을 많이 섭취시키기 위해 국을 자주 만들었습니다. 노폐물을 배출하는 데 좋다는 '비지'를 자주 먹였습니다.

• 섭취한 단백질이 어떠한 원인으로 충분히 흡수되지 않거나 한 번 흡수된 단백질이 필요 이상으로 배출되는 병이다. 저단백혈증(혈액 속의 알부민이라는 단백질의 농도가 저하된 상태)과 함께 부종 및 탈수 등이 나타난다.

레시피 5

닭고기와 채소를 넣은 비지찌개

재료

닭고기(또는 돼지고기)
비지
당근
피망
무
양배추

도움말

비지 대신 이뇨 작용을 하는 율무밥을 먹여도 된다. 활성산소 생성을 억제하는 안토시아닌이 함유된 가지나 팥, 비타민E를 함유한 참깨나 식물성 기름(올리브유나 참기름 등)을 첨가해도 좋다.

만드는 방법

1. 푸드 프로세서로 채소를 잘게 다진다. 닭고기는 갈아 놓는다.
2. 냄비에 1과 비지를 넣는다. 멸치가루나 다시마가루로 낸 육수를 재료가 반쯤 잠길 정도로 부어서 채소가 부드러워질 때까지 푹 끓인다.
3. 30도 정도로 식혀서 그릇에 담으면 완성.

조리 POINT

수분을 충분히 섭취할 수 있도록 비지를 육수에 푹 끓이자. 비지는 배뇨를 촉진하고 노폐물을 체외로 배출하는 데 좋다. 하지만 잘 상하므로 비지를 건조해두면 편리하다. 팥, 동아, 오이 등 계절에 맞춰서 이뇨 작용을 하는 채소를 더해주면 훨씬 좋다.

기본 육수 만들기

| 재료 | 가다랑어가루, 다시마, 표고버섯, 멸치가루

| 만드는 방법 |

1. 냄비에 재료를 넣고 물을 듬뿍 부어서 육수를 낸다.
2. 면포에 국물을 걸러내고 육수만 냉장고에 보관한다.

* 계절에 따라 타우린이 풍부한 바지락이나 재첩 등 제철 조개로 육수를 만드는 것도 좋다. 조개는 간 기능을 강화하고 배뇨를 촉진한다. 특히 바지락은 이뇨 효과가 탁월하다.

1군: 곡류 2군: 육류, 생선, 달걀, 유제품 3군: 채소, 해조류, 과일 α: 유지류 α: 풍미

배설 불량 (구취와 체취)

이름	조사이 테리	견종	치와와
성별	수컷	나이	8세

어떻게 개선되었을까요?

수제 음식으로 바꾸고 나서 가장 먼저 구취가 달라졌습니다. 다른 사람들은 금세 사라졌다고 하는데 테리는 오히려 심해졌습니다. 우리 개는 수제 음식이 안 맞는 건지 걱정스러웠지만 '개의 상태에 따라서 냄새가 한 번 심해진 후에 나아지기도 한다'는 말을 듣고 일주일 정도 더 먹이자 구취가 사라졌습니다.

체취도 수제 음식을 먹인 지 4일 후부터 심해졌지만 3주째에 사라졌습니다. 전에는 샴푸로 목욕을 시켜도 바로 개 특유의 냄새가 났는데 지금은 4개월째 샴푸를 사용하지 않고 목욕을 시키는데도 냄새가 나지 않습니다. 온가족이 수제 음식의 효과에 감사하고 있습니다.

음식을 만들 때 이런 점을 주의했어요

애견의 체취 문제로 고생했던 제 친구가 '체취를 좋게 하려면 물을 먹여야 된다'라고 조언해줬고, 스사키 선생님의 레시피를 참고해 국밥을 만들었습니다. 또 부드러운 밥만 먹이면 이가 약해질까 봐 국밥을 먹이고 고기를 줬습니다. 가끔은 테리가 고기를 먹으려고 국밥을 잘 안 먹으려 해서 타이르기도 했습니다. 예전에는 냄새가 강한 음식을 먹어서 그런지 테리가 처음에는 수제 음식의 약한 냄새에 큰 관심을 보이지 않았지만 점점 식재료의 냄새에 길들여졌습니다.

레시피 6

닭가슴살을 넣은 우동

재료

닭가슴살
우동
당근
브로콜리
표고버섯
우엉

도움말

우동 대신 이뇨 작용을 하는 율무밥을 먹여도 된다. 활성산소 생성을 억제하는 안토시아닌이 함유된 가지나 팥, 비타민E를 함유한 참깨나 식물성 기름(올리브유나 참기름 등)을 첨가해도 좋다. 계절에 따라 동아나 오이같이 이뇨 작용을 하는 채소를 더하는 것도 좋다.

만드는 방법

1. 우엉은 갈아놓고 나머지 채소는 잘게 썬다.
2. 냄비에 1과 한입 크기로 썬 닭가슴살을 넣고 재료가 잠길 정도로 물을 부어서 채소가 부드러워질 때까지 푹 끓인다.
3. 먹기 좋은 길이로 썬 삶은 우동을 찬물에 한 번 헹궈서 냄비에 넣고 살짝 끓이면 완성.

조리 POINT

우동은 소화가 잘될 뿐만 아니라 국물이 많아 수분을 듬뿍 섭취시킬 수 있다. 담백한 닭가슴살과 함께 말린 멸치나 바지락 육수 등으로 풍미를 더하면 입맛을 돋울 수 있다. 배설을 촉진하는 사포닌이 함유된 콩 제품을 첨가하면 좋다. 걸쭉하게 만들어줘야 잘 먹는 개는 녹말가루나 칡가루를 넣어주자.

1군: 곡류 2군: 육류, 생선, 달걀, 유제품 3군: 채소, 해조류, 과일 α: 유지류 α: 풍미

피부 가려움증

이우라 니돔

뉴펀들랜드

수컷

0세

어떻게 개선되었을까요?

니돔이 수제 음식을 먹기 시작했을 때는 몸을 가려워하거나 발끝을 깨물고, 눈에는 끈적거리는 연갈색의 눈곱이 껴서 걱정스러웠습니다. 음식으로 수분을 충분히 섭취시킨 탓인지 물은 자주 마시지 않았고 소변량은 많아졌습니다. 밥도 잘 먹었는데 대변량은 오히려 줄었습니다. 좋아지고 있는 건가 의문도 들었습니다.

지금은 몸이나 귀에서 이상한 냄새가 나지 않습니다. 귀지도 잘 쌓이지 않지요. 예전에 키우던 개는 10일만 지나도 개 특유의 냄새가 났는데, 수제 음식을 먹어서인지 니돔은 샴푸로 목욕한 지 3주가 지나도 냄새가 나지 않습니다.

음식을 만들 때 이런 점을 주의했어요

성장기라서 음식을 직접 만들어주고 싶어도 균형이 무너지거나 영양을 제대로 섭취시키지 못할까 봐 불안했습니다. 하지만 그럴 필요가 없다는 것을 깨닫고 갖가지 채소와 육류, 생선을 섭취시키는 데 신경 썼습니다.

여행이나 재해를 대비해서 사료도 함께 먹이고 있습니다. 니돔은 사료만 주면 더 달라는 표정을 짓는데, 제가 만든 음식을 주면 그릇의 바닥까지 싹싹 핥아 먹고는 매우 만족해하며 잠을 잡니다. 이럴 때 음식을 준비하는 보람을 느낍니다. 앞으로도 여러 음식을 만들어보려고 합니다.

레시피 7

정어리 버섯 수프

재료

정어리
유산균
브로콜리
당근
톳
호박
팽이버섯
명주 다시마
표고버섯
과일
참깻가루, 참기름
아마인유
가다랑어포
멸치 치어

반려인의 한마디

생선구이나 간을 하지 않은 흰살 생선 조림을 먹여도 좋습니다.

만드는 방법

1. 데친 브로콜리와 정어리를 푸드 프로세서에 통째로 넣고 간다.
2. 1을 한 숟가락씩 떠서 끓는 물에 넣고, 물 위에 떠오르면 잠시 그대로 두었다가 덩어리가 부서지지 않도록 조심히 떠낸다.
3. 푸드 프로세서로 채소를 잘게 다진다.
4. 2에서 사용한 물에 3의 채소와 한입 크기로 자른 호박을 넣고 끓여서 반쯤 익힌다.
5. 다른 냄비에 팽이버섯과 푸드 프로세서로 잘게 부순 다시마, 표고버섯을 넣고 재료가 잠길 정도로 물을 부어서 팔팔 끓인다.
6. 5에 4를 넣고 고명(명주다시마나 가다랑어포, 치어, 참깻가루 등)을 얹는다.
7. 과일, 유산균, 식물성 기름(아마인유, 참기름, 올리브유 중 선택)을 넣으면 완성.

조리 POINT

정어리에는 DHA, EPA와 함께 항산화물질인 글루타티온도 함유되어 있어서 피부의 염증을 억제하는 데 좋은 식품이다. 수분이 많은 밥으로 노폐물 배출을 촉진하자.

1군: 곡류 2군: 육류, 생선, 달걀, 유제품 3군: 채소, 해조류, 과일 α: 유지류 α: 풍미

아토피 피부염

이름	사쿠라이 란	견종	시바 이누
성별	암컷	나이	9세

어떻게 개선되었을까요?

란에게 음식을 만들어 먹였더니 처음에는 체취와 구취가 심해졌습니다. 귀에서 냄새가 나고 귀지도 많이 쌓였습니다. 게다가 털까지 빠져서 가족들이 수제 음식 먹이는 것을 크게 반대했습니다. 하지만 '수분 섭취량이 많아지면 대사가 향상되어서 증상이 나빠지는 경우도 있다'는 스사키 선생님의 말씀을 믿고 반년 동안 계속해보기로 마음먹고 가족들도 설득했습니다. 그러나 증상이 더욱 심해지기만 해서 처음의 결심이 흔들리기 시작했습니다. 다행히 5개월이 지나자 심했던 체취와 구취가 싹 가라앉았고 귀도 깨끗해졌습니다. 털은 수제 음식을 먹인 지 반년 후부터 다시 자라기 시작했고, 원래의 시바 이누다운 모습을 되찾았습니다. 9개월이 걸려 완치되었지만 아직 피부에 불그스름한 부분과 가려움증이 조금 남아 있습니다. 그래도 예전의 모습과 비교하면 정말 많이 나아졌습니다. 솔직히 중간에 몇 번이나 그만두려고 했지만 계속 수제 음식을 먹이길 잘했습니다.

음식을 만들 때 이런 점을 주의했어요

란은 가리는 음식이 별로 없고 뭐든지 잘 먹어서 균형 있게 먹이는 것에 집중했습니다. 그렇다고 구하기 어려운 식재료를 사용하진 않았습니다. 슈퍼에서 쉽게 살 수 있는 재료로 식단을 짰습니다. 고기를 자주 바꾸는 편이 좋다는 말도 있는데 란은 다 좋아했습니다. 세균이나 기생충 감염이 걱정되기도 했고 란이 날것보다 굽거나 찐 음식을 좋아해서 가열 조리해서 먹였습니다. 또 식후에는 치주 질환 예방을 위해 양치질을 해주고 유산균을 챙겨줬습니다.

닭고기와 채소를 넣은 국밥

재료

닭가슴살
쌀밥
양배추
우엉
당근
무
소송채
연근
호박
식물성 기름
육수용 조미료

만드는 방법

1. 채소와 닭가슴살을 잘게 썬다.
2. 냄비에 1과 육수용 조미료를 조금 넣고 재료가 잠길 정도로 물을 부어서 채소가 부드러워질 때까지 푹 끓인다.
3. 쌀밥을 그릇에 담아서 2를 붓고 식물성 기름 한 방울을 떨어뜨리면 완성.

조리 POINT

말린 멸치나 가다랑어포를 가루로 만들어두거나 육수를 내서 냉동 보관해두면 편리하다. 국밥은 수분을 듬뿍 섭취시킬 수 있어 좋다. 글루타티온을 함유한 간이나 DHA, EPA를 함유한 생선으로 피부의 염증을 줄여주자.

1군: 곡류 2군: 육류, 생선, 달걀, 유제품 3군: 채소, 해조류, 과일 α: 유지류 α: 풍미

암, 종양

이름	아마키 마루	견종	시추
성별	수컷	나이	12세

어떻게 개선되었을까요?

마루는 12세에 골육종에 걸려서 2개월밖에 살지 못한다는 선고를 받고 빈사 상태까지 갔습니다. 하지만 수제 음식을 먹인 지 4개월 만에 건강을 되찾았습니다.

이후 다른 병원에서 다시 검사했더니 다행히 골육종이 오진이었습니다. 수제 음식을 먹인 이후 암으로 의심되던 딱딱한 덩어리가 작아졌고, 몸과 머리, 얼굴에서 빠졌던 털이 다시 멋지게 자라났습니다. 저도 참지 못할 정도로 지독하던 체취도 완전히 사라졌습니다.

음식을 만들 때 이런 점을 주의했어요

마루는 아토피 때문에 음식 알레르기를 조심해야 했습니다. 알레르기를 일으키는 식품을 피해서 육류, 생선, 달걀 등 동물성 단백질은 줄이고 채소와 과일의 비율은 늘렸지요. 채소와 과일, 육류와 생선, 곡물의 비율을 2 : 1 : 1로 하고, 채소는 되도록 농약이 적은 것과 제철에 나는 것을 선택했습니다. 이가 몇 개 빠져서 씹기 불편한 마루를 위해 소화가 잘되도록 재료를 잘게 썰어 부드러워질 때까지 끓였습니다. 또 효소를 함유한 생식품을 자주 먹였습니다. 음식은 식재료별로 크기를 달리해서 씹는 재미를 느낄 수 있게 만들었습니다.

생강으로 풍미를 더한 닭가슴살 채소죽

재료

닭가슴살
현미밥
당근
무
소송채
표고버섯
감자
생강즙
올리브유, 참기름, 차조기유(자소유), 아마인유, 들기름

만드는 방법

1. 채소는 잘게 썰고 닭가슴살은 먹기 좋은 크기로 썬다.
2. 냄비에 1과 현미밥을 넣고 미리 만들어놓은 육수를 재료가 반쯤 잠길 정도로 붓는다. 이번에는 물을 재료가 잠길 정도로 부어서 채소가 부드러워질 때까지 푹 끓인다.
3. 2가 식으면 생강즙을 뿌린다.
4. 3을 그릇에 담아서 올리브유를 한 방울 떨어뜨리고, 효소를 함유한 생식품을 잘게 썰어서 위에 올리면 완성.

도움말

비타민과 미네랄을 섭취시키려면 제철에 나는 녹황색 채소로 음식을 만들어 먹이는 게 좋다. 식이섬유가 노폐물 배출을 돕고 혈액순환을 촉진한다. DHA, EPA가 함유된 생선을 사용한 식단도 병을 빨리 낫게 하는 데 좋다.

조리 POINT

항산화물질이 풍부한 녹황색 채소는 자주 섭취시켜야 할 식품이다. 생강도 활성산소를 억제하는 항산화물질이 있으며 몸을 따뜻하게 하고 혈액순환을 좋게 한다. 수분과 식이섬유로 노폐물을 배출해서 몸속을 깨끗하게 하자. 면역력 강화를 위해 버섯이나 생채소를 더해도 좋다.

간단 육수 만들기

| 재료 | 다시마, 말린 표고버섯, 가다랑어포

| 만드는 방법 |

1. 냄비에 재료를 넣은 뒤 물을 듬뿍 붓고 끓여서 육수를 낸다.
2. 면포에 국물을 걸러내고 육수만 냉장고에 보관한다.

생식품 토핑 만들기

| 재료 | 양배추, 토마토, 사과, 미역, 낫토, 생강

| 만드는 방법 |

1. 재료를 잘게 썬다.
2. 밥 위에 얹는다.

1군: 곡류 2군: 육류, 생선, 달걀, 유제품 3군: 채소, 해조류, 과일 α: 유지류 α: 풍미

암, 종양

하세가와 러프

래브라도레트리버

암컷

10세

어떻게 개선되었을까요?

러프는 산책하러 나갔다가 돌아올 때면 발걸음이 무거워보이고 금세 지치곤 했습니다. 지방종도 여러 개 생겼습니다. 진단을 받아보니 승모판막 폐쇄 부전증이었습니다. 병원에서는 약을 권유했지만 약을 꼭 먹여야 하나 의문이 들어 우선 약을 주지 않고 상태를 관찰하기로 했습니다. 러프의 나이를 고려해보면 나타날 법한 증상들이었기 때문입니다. 하지만 반년이 지난 뒤 악성 종양을 발견했습니다.

3대 요법(수술, 항암제, 방사선)은 실시하지 않고 음식과 건강보조식품, 운동, 동종요법 등 여러 방법으로 디톡스와 혈액순환 촉진에 힘썼습니다. 1년이 지난 뒤에는 종양이 사라졌을 뿐만 아니라 심장도 건강해졌습니다. 지금은 훨씬 더 건강해지고 젊어진 느낌입니다. 수제 음식으로 러프의 몸 상태가 굉장히 좋아졌습니다.

음식을 만들 때 이런 점을 주의했어요

몸을 따뜻하게 하고 디톡스 효과를 지닌 식재료를 선택했습니다. 또 종양이 있는 부분은 혈액순환이 잘되지 않을 수 있어서 혈액순환 촉진 효과가 있는 음식을 먹였습니다. 활성산소로 생기는 몸의 피해를 줄이기 위해 항산화물질도 꾸준히 섭취시켰습니다. 그 밖에도 암 예방에 효과적이라고 하는 식품이나 버섯을 많이 넣었습니다. 음식을 만들 때는 기분 좋게 만들려고 노력했습니다.

레시피 10

연어와 녹황색 채소를 넣은 현미죽

재료

연어
현미
브로콜리
당근
호박
잎새버섯
큰실말
마늘
재첩

만드는 방법

1. 냄비에 재첩을 넣은 뒤 물을 듬뿍 붓고 끓여서 육수를 낸다. 재첩은 껍데기를 제거하고 살을 발라서 육수에 다시 넣는다.
2. 1에 잘게 다진 채소와 한입 크기로 썬 연어, 다진 마늘 조금, 미리 지은 현미밥을 넣고 채소가 부드러워질 때까지 푹 끓인다.
3. 2의 냄비에 불을 끈 다음 큰실말을 넣어서 잘 섞고 그릇에 담으면 완성.

반려인의 한마디

애견의 상태에 따라 식재료를 적당한 크기로 썰거나 갈아서 먹이세요.

조리 POINT

연어와 녹황색 채소를 함께 먹어서 혈액순환을 촉진하고 부족해지기 쉬운 비타민과 미네랄을 보충한다. 식이섬유가 풍부한 해조류를 넣어서 체내에 쌓인 노폐물을 배출한다. 식이섬유는 암 예방을 위해서라도 반드시 섭취시켜야 하는 영양소다.

1군: 곡류 2군: 육류, 생선, 달걀, 유제품 3군: 채소, 해조류, 과일 α: 유지류 α: 풍미

방광염, 요로결석

이름	스즈키 조니	견종	시바 이누
성별	수컷	나이	6세

어떻게 개선되었을까요?

조니는 어렸을 때부터 소변에 피나 결석, 결정이 섞여 나와서 매주 동물병원에 갔습니다. 병원에서는 결석이 잘 생기는 체질이니 처방식을 먹이면서 잘 보살피라고 했습니다. 처방식을 줘도 큰 변화는 없었지요. 어느 날 산책하다가 알게 된 지인으로부터 수제 음식이 좋다는 말을 듣고 반신반의하며 찾아봤는데, 시도해볼 가치가 있겠다 싶었습니다. 실패하더라도 일단 해보자는 각오로 음식을 만들어 먹이기 시작했습니다. 그러자 그토록 고민했던 소변 문제가 2주 정도 만에 사라졌습니다. 병원에서 몸 상태가 좋아졌고, 결정도 사라졌다고 했습니나. 수제 음식을 먹이기 전까지 내가 한 노력은 뭐였나 싶지만 이 일을 계기로 식이요법을 공부했습니다. 가족이 먹는 밥도 바꾸니 겨울만 되면 감기에 걸리던 우리 가족도 최근 2년 동안 감기에 걸린 적이 없습니다. 다시 한번 음식의 중요함을 느꼈습니다.

음식을 만들 때 이런 점을 주의했어요

처음에는 소변의 pH 수치를 낮추고 싶어서 채소보다는 육류와 생선을 중심으로 음식을 만들었는데, 조사해보니 수분이 충분한지가 pH수치보다 중요하더군요. 그래서 국물이 있는 음식이나 생선 완자를 만들어 먹이는 등 다양한 음식을 만들어봤습니다. 그러자 연한 색의 건강한 소변을 보기 시작했습니다.

레시피 11

고등어 완자를 넣은 국밥

재료

고등어
쌀밥
배추
당근
무
우엉
말린 멸치

도움말

비타민A와 비타민C는 방광의 점막을 강화하고 보호하는 영양소다. 계절에 맞는 녹황색 채소의 양을 늘려주면 좋다.

만드는 방법

1. 고등어의 살을 푸드 프로세서로 부드럽게 으깬 뒤 녹말가루를 넣고 잘 섞는다.
2. 무, 당근, 우엉을 갈아놓는다.
3. 배추는 끓는 물에 데쳐서 찬물에 헹군 뒤, 잘게 썰어서 절구에 넣고 찧는다.
4. 냄비에 물과 말린 멸치를 넣고 끓인다. 물이 끓기 시작하면 1을 숟가락으로 떠서 넣고, 물 위에 떠오를 때까지 끓인다.
5. 4에 갈아놓은 우엉을 넣고 다시 끓인다. 거품은 떠낸다.
6. 쌀밥을 그릇에 담아서 갈아놓은 당근, 무, 배추를 얹고 5를 위에 뿌린다.

조리 POINT

감염증을 예방하고 방광의 점막을 강화하기 위해 녹황색 채소에 함유된 베타카로틴과 비타민C를 섭취시키고, 수분이 듬뿍 들어 있는 밥을 만들어준다. 또한 육수에 뱅어포나 멸치, 가다랑어포로 풍미를 더한다. 주요 단백질은 혈액순환을 촉진하고, DHA, EPA를 함유한 생선은 염증을 억제한다.

1군: 곡류 2군: 육류, 생선, 달걀, 유제품 3군: 채소, 해조류, 과일 α: 유지류 α: 풍미

방광염, 요로결석

가와모토 사쿠라

웨스트 하이랜드 화이트 테리어

암컷

8세

어떻게 개선되었을까요?

사쿠라가 스트루바이트 결석에 걸린 지 2년쯤 되었을 때 친구가 수제 음식을 추천해줘서 먹이기 시작했습니다. 하지만 pH 수치가 훨씬 높아져서 떨어지지 않았습니다. 동물병원에서 소변 검사를 해보니 '결정의 양이 증가했다'고 해서 충격을 받았습니다. 뭔가 방법이 잘못된 것은 아닐까 하고 스사키 선생님과 상담했는데, 선생님은 "소변의 pH는 현재의 지표일 뿐이며 본질적인 개선과는 관계가 없습니다. 요로 감염증을 개선해야 해결됩니다."라고 했습니다. 이전까지와는 완전히 다른 조언에 당황스러웠습니다. 하지만 여태껏 시도한 방법이 다 실패했기 때문에 스사키 선생님을 믿고 해보자는 마음으로 수제 음식을 계속 먹였습니다.

한 달쯤 지나자 혈뇨가 더 이상 나오지 않았고 배변 패드에서 반짝거리던 결정이 사라졌으며, 소변 검사에서도 결정이 완전히 없어진 것을 확인했습니다. 정말 괜찮아진 걸까 싶을 정도로 빨리 나았습니다. 이후 재발하지 않아 다행입니다. 이대로 계속 건강했으면 좋겠습니다.

음식을 만들 때 이런 점을 주의했어요

사쿠라는 채소와 쌀밥은 매우 좋아하고 고기나 생선은 그다지 좋아하지 않습니다. 처음에는 영양 균형이 무너질까 봐 걱정했지만 비율만 제대로 맞춰주니 지금은 튼튼해졌습니다. 털에 윤기가 흐르고 혈액 검사 결과도 좋습니다.

무를 갈아서 얹은 밥

재료

닭다리살
쌀밥
무
당근
명주다시마
말린 멸치
녹말가루

만드는 방법

1. 무는 갈아놓는다. 당근과 말린 멸치는 잘게 자른다. 닭다리살은 먹기 좋은 크기로 썬다.
2. 냄비에 당근, 닭고기, 말린 멸치, 명주다시마를 넣는다. 재료가 잠길 정도로 물을 부어서 채소가 부드러워질 때까지 푹 끓인다. 물에 갠 녹말가루를 넣어서 걸쭉하게 만든다.
3. 쌀밥을 그릇에 담아서 2를 붓고 갈아놓은 무를 위에 얹으면 완성.

조리 POINT

닭고기는 비타민A가 풍부한 식품이다. 다이어트 중이라면 닭가슴살의 껍질을 떼고 먹이자. 많은 녹황색 채소는 베타카로틴과 비타민C를 함유한다. 또 방광의 점막을 강화하고 결석이 잘 안 생기게 한다. 호박, 소송채, 홍피망 같은 채소를 골고루 사용하면 맛도 좋고 보기에도 좋다.

1군: 곡류 2군: 육류, 생선, 달걀, 유제품 3군: 채소, 해조류, 과일 α: 유지류 α: 풍미

소화기 질환, 장염

이름	사쿠마 텐	견종	요크셔테리어
성별	수컷	나이	6세

어떻게 개선되었을까요?

텐이 설사와 구토를 반복해서 동물병원에 데려갔는데 병원에서도 원인을 모르겠다며 지사제와 구토억제제만 처방해줬습니다. 하지만 약물 부작용도 걱정되고, 체질을 바꿔야겠다고 생각하다가 수제 음식을 알게 되었지요. 수제 음식을 먹인 이후 대변의 색과 굳기가 달라졌습니다. 이전까지 텐은 거의 매일 설사를 했는데 이틀에 한 번, 사흘에 한 번으로 설사가 줄어들었고, 수제 음식을 먹인 지 3개월 정도 지나지 설사가 완전히 멈췄습니다. 사료를 먹일 때는 몇 달에 한 번씩은 혈변을 봤는데 이제는 괜찮습니다. 구토도 수제 음식을 먹인 지 1개월 무렵부터 하지 않았습니다. 예전에 텐은 사료 봉지를 들어도 반응이 없었는데 지금은 제가 부엌에 서 있으면 눈을 반짝이며 기다립니다.

음식을 만들 때 이런 점을 주의했어요

칡가루로 만든 떡(15쪽 참조)부터 먹이기 시작해서 다른 음식도 만들어줬습니다. 장의 상태가 나빠질 때 칡가루를 먹이면 상태가 좋아집니다. 평소에 음식을 먹일 때도 항상 칡가루를 넣어서 걸쭉하게 만들어서 먹입니다. 한 번 설사가 심해졌을 때 마침 칡가루가 떨어져서 녹말가루로 대체했는데 녹말가루도 괜찮았는지 잘 먹었습니다. 다행히 가리는 음식이 없어서 어떤 재료를 사용하든 남김없이 먹어치웁니다. 하지만 너무 많이 먹이면 설사를 해서 양을 잘 조절해 먹였습니다.

명주다시마로 풍미를 더한 낫토 채소죽

재료

돼지고기
달걀
쌀밥
청경채
당근
낫토
명주다시마
말린 멸치
녹말가루

만드는 방법

1. 냄비에 잘게 썬 채소와 갈아놓은 돼지고기, 명주다시마, 잘게 자른 말린 멸치를 넣는다. 재료가 잠길 정도로 물을 부어서 채소가 부드러워질 때까지 푹 끓인다.
2. 1에 풀어놓은 달걀과 물에 갠 녹말가루를 넣어 가볍게 휘젓는다.
3. 쌀밥을 그릇에 담아서 그 위에 2를 붓고 낫토를 올리면 완성.

도움말

위 점막을 보호하는 비타민U가 함유된 양배추나 양상추, 파슬리, 아스파라거스 등을 더해주면 좋다. 설사를 할 때는 참마를 갈아먹이자.

조리 POINT

육류나 생선은 지방이 적은 부위를 선택한다. 채소는 잘게 다지거나 갈아서 먹이자. 양배추처럼 부드럽고 소화가 잘되는 섬유질이 든 채소를 사용해도 좋다. 소화를 돕기 위해 무를 갈아서 음식 위에 얹는 것도 좋은 방법이다. 위 점막을 보호하려면 칡가루를 넣어 걸쭉하게 만들어 먹이자.

1군: 곡류 2군: 육류, 생선, 달걀, 유제품 3군: 채소, 해조류, 과일 α: 유지류 α: 풍미

소화기 질환, 장염

가네다 보스

견종 프렌치 불도그

수컷

나이 3세

어떻게 개선되었을까요?

보스는 혈변, 설사, 점액변을 보는 게 일상이었습니다. 알레르기 검사에서도 양성 반응이 나와서 먹일 수 있는 음식이 거의 없었습니다. 몸은 점점 야위어가고 밥을 먹은 후에는 배에서 부글거리는 소리가 나서 날마다 걱정스럽기 짝이 없었습니다. 심지어 보스의 입맛에 맞는 사료도 없어서 몹시 난처했는데 마침 수제 음식을 알게 되었습니다. 불안하기는 했지만 남은 희망은 이것뿐이라는 마음으로 음식을 만들어 먹이기 시작했습니다. 혈변 증상은 서서히 없어졌지만 설사는 오히려 심해졌습니다. 수제 음식도 효과가 없는 것인지 걱정하다가 10일 정도 지나자 갑자기 단단하게 굳은 변이 나오기 시작했습니다. 3주 정도 지났을 때는 굳기로 보나 색으로 보나 모든 사람들에게 보여주고 싶을 정도로 훌륭한 대변을 보았습니다. 수제 음식으로 바꾸자마자 정상적인 변을 보는 개도 있다고 하는데 보스는 시간이 조금 걸린 편입니다. 지금도 몇 달에 한 번 정도는 설사를 하지만 걱정할 필요가 없을 정도로 건강합니다.

음식을 만들 때 이런 점을 주의했어요

여러 가지 식재료를 시험 삼아 먹여봤는데 보스의 입맛에는 고구마가 잘 맞았습니다. 물론 지금은 뭐든지 먹을 수 있지만 장의 상태가 나빠졌을 때는 고구마를 주로 먹입니다. 처음에는 아기 이유식처럼 먹였으나 대변의 상태를 보면서 조금씩 덩어리의 양을 늘려나갔습니다. 지금은 씹어먹을 만한 크기로 잘라서 주고 있습니다.

레시피 14

가다랑어와 두부를 넣은 채소죽

재료

가다랑어
쌀밥
고구마
두부
무
잎새버섯
명주다시마
된장

만드는 방법

1. 채소는 잘게 썰고 가다랑어는 먹기 좋은 크기로 썬다.
2. 냄비에 1과 쌀밥, 손으로 잘게 으깬 두부, 명주다시마, 된장을 조금 넣고 재료가 잠길 정도로 물을 부어서 채소가 부드러워질 때까지 푹 끓인다.
3. 2를 그릇에 담으면 완성.

도움말

손상된 위 점막을 보호하기 위해 비타민U를 함유한 양배추나 양상추, 베타카로틴을 함유한 제철 녹황색 채소를 더하면 훨씬 효과적이다.

조리 POINT

설사나 구토로 탈수 증상이 나타나지 않도록 수분을 충분히 섭취시켜야 한다. 채소 등을 갈아 수프를 만들어 먹여도 좋다. 지방이 적은 생선살과 식이섬유가 풍부한 채소로 장속을 깨끗하게 하자. 무처럼 소화 효소를 함유한 식재료는 위 점막을 보호하면서 소화를 돕는다.

1군: 곡류 2군: 육류, 생선, 달걀, 유제품 3군: 채소, 해조류, 과일 α: 유지류 α: 풍미

간 질환

요코가와 데쓰

래브라도레트리버

수컷

5세

어떻게 개선되었을까요?

데쓰는 겉으로 매우 건강해보였습니다. 4세 때 혈액 검사를 했더니 간 수치가 GPT 712, ALP 1,652로 상당히 높게 나와서 바로 치료를 시작했습니다. 하지만 간 수치가 좀처럼 떨어지지 않아서 고민이 많았지요. 때마침 음식으로 병을 낫게 할 수 있다는 것을 듣고 데쓰에게도 음식을 만들어 먹여보기로 했습니다. 체질 개선을 위해 음식에 허브를 넣어 먹였더니 체취가 심해지고 구취마저 나빠졌습니다. 다행히 2주 뒤에 증상이 어느 정도 가라앉았습니다. 다시 받은 혈액 검사에서는 GPT와 ALP의 수치가 각각 127, 662까지 떨어졌습니다. 수제 음식을 시작한 지 3개월 뒤에는 모든 수치가 기준치로 돌아왔고, 1년이 지난 지금도 정상 수치를 유지하고 있습니다.

음식을 만들 때 이런 점을 주의했어요

양질의 단백질원이자 지방은 적은 대구를 주로 먹였습니다. 고구마가 지방간을 예방하는 데 좋다 해서 쌀 대신 고구마로 탄수화물을 섭취시켰습니다. 원래 데쓰가 쌀밥을 그리 좋아하지 않아서 잘 먹지 않았기에 이것저것 시험해보다가 고구마로 정했습니다. 또한 조리사 친구가 제철 음식을 먹이는 게 좋다고 해서 되도록 냉동식품이나 하우스에서 재배한 식재료는 피하고 제철 식품으로 요리하려고 신경 썼습니다. 세균 및 바이러스 감염을 예방하려고 디톡스용 건강보조식품도 먹였습니다.

대구와 고구마를 넣은 걸쭉한 두부조림

재료

대구
두부
고구마
당근
완두콩
만가닥버섯(백만송이버섯)
멸치가루
녹말가루

도움말

눈에는 눈, 간에는 간! 간 기능을 강화하려면 간을 먹여보자. 메티오닌과 타우린을 함유한 재첩이나 바지락으로 낸 육수를 사용하는 것을 추천한다.

만드는 방법

1. 채소는 잘게 썰고 대구는 먹기 좋은 크기로 썬다.
2. 냄비에 1과 멸치가루, 손으로 잘게 으깬 두부를 넣고, 재료가 잠길 정도로 물을 부어서 채소가 부드러워질 때까지 끓인다. 마지막으로 물에 갠 녹말가루를 넣어 걸쭉하게 만든다.
3. 2를 그릇에 담으면 완성.

조리 POINT

간 기능을 회복시키려면 양질의 단백질이 필요하다. 고구마 대신 토란이나 율무밥, 말린 멸치, 바지락 육수처럼 간 기능을 강화하는 식재료도 사용해보자. 고구마에는 지방간을 예방하는 비타민B6가 들어 있으며, 비타민B6를 활성화시키는 데 콩 제품이나 간, 달걀을 함께 먹이면 훨씬 효과적이다. 하지만 지나치게 먹이지 않도록 주의하자!

1군: 곡류 2군: 육류, 생선, 달걀, 유제품 3군: 채소, 해조류, 과일 α: 유지류 α: 풍미

신장병

이름	가네마루 토이	견종	파피용
성별	수컷	나이	12세

어떻게 개선되었을까요?

토이가 힘이 없어지고, 설사랑 구토를 계속해서 점적주사를 맞으러 매일 병원에 다녔습니다. 사상충 검사에서 BUN(혈액 요소질소)과 크레아틴 수치가 높게 나와 병원에서 신장염용 사료를 먹이라고 했지만 토이가 도무지 먹질 않았습니다. 사료를 가루로 만들어 닭가슴살에 뿌려줬는데도 냄새만 맡고 외면했습니다. 일단 어떻게든 가정식으로 체력을 길러줘야겠다고 마음먹었으나, 신장병은 먹여도 되는 음식이 몇 없어서 스사키 선생님에게 어떤 것을 먹여야 좋을지 물어봤습니다. 스사키 선생님은 병원체 감염증일 수 있으니 병원체 디톡스용 보조식품이나 채소죽을 먹여보라고 했습니다.

바로 음식을 만들어 먹였습니다. 2주 정도 지나자 토이는 설사도 멈추고 건강해졌습니다. 한 달이 지난 무렵에는 구토도 멈추고 혈액 검사 결과도 기준치보다 조금 높은 정도로 수치가 떨어졌습니다. 반년 정도 먹이자 혈액 검사가 정상으로 나왔고 건강도 회복했습니다.

음식을 만들 때 이런 점을 주의했어요

단백질을 적게 먹이려고 했고, 정어리 펩타이드가 신장병에 좋다는 말을 듣고 말린 정어리를 먹였습니다. 염분이 신경 쓰였지만 스사키 선생님께서 충분한 수분과 함께 섭취시키면 괜찮다고 하셔서 그 말을 믿고 따랐습니다. 결과적으로 병이 완치된 것을 보면 수분만 충분하다면 염분은 큰 문제가 아니라는 것을 알았습니다.

레시피 16

닭고기와 녹황색 채소를 넣은 죽

재료

닭고기
쌀밥
호박
소송채
콩나물
말린 정어리

도움말

신장병의 주 원인으로 보는 치주 질환에는 베타카로틴이 좋다. 신장의 염증에는 DHA, EPA, 장 질환에는 비타민U가 좋다. 제철에 나는 생선과 채소로 골고루 먹이는 게 좋다.

만드는 방법

1. 채소를 잘게 썬다.
2. 냄비에 1과 갈아놓은 닭고기, 잘게 자른 말린 정어리를 넣고, 재료가 잠길 정도로 물을 부어서 채소가 부드러워질 때까지 푹 끓인다.
3. 쌀밥을 그릇에 담고 2를 국물까지 남김없이 부으면 완성.

조리 POINT

단백질 섭취를 줄여야 할 때는 고기를 갈아 넣자. 다른 재료와 골고루 섞어서 주면 된다. 식물성 단백질을 중심으로 한 음식은 고기나 생선 육수를 사용해서 풍미를 더하자. 신장 기능을 강화하는 데 정어리가 빠질 수 없다.

1군: 곡류 2군: 육류, 생선, 달걀, 유제품 3군: 채소, 해조류, 과일 α: 유지류 α: 풍미

신장병

이름	후쿠마 마루	견종	몰티즈
성별	암컷	나이	14세

어떻게 개선되었을까요?

마루는 1년 가까이 요독증 치료를 받았습니다. 항상 크레아틴 수치가 문제였는데 BUN 수치가 급격히 오르내리기를 반복했습니다. 병원에서도 여러 검사를 했고, 혈액순환을 좋게 하는 약을 먹이거나 사료도 다양하게 먹여봤지만 증상이 좀처럼 나아지지 않았습니다. 더는 방법이 없다고 포기하려고 할 때 수제 음식을 알게 되었고, 어쩌면 식이요법으로 체질을 개선시키면 신장 기능도 좋아질 수 있겠다는 생각으로 시작했습니다. 음식을 만들어 먹이기 시작하자 소변의 양, 색, 냄새가 달라졌습니다. 소변 색이 진하고 냄새도 지독했는데, 수제 음식으로 바꾼 날부터 색이 연하고 투명한 소변을 보았습니다. 마루는 색이 연한 소변을 볼수록 점점 건강해졌지요. 그로부터 5개월 후 BUN 수치가 기준치로 돌아왔습니다. 병원에서도 깜짝 놀랐습니다. 수제 음식을 알게 되어 정말로 다행입니다.

음식을 만들 때 이런 점을 주의했어요

마루는 병으로 힘들어하다가도 제가 부엌에서 요리하기 시작하면 마치 자신의 밥을 만드는 것이냐고 물어보는 듯이 옆으로 다가왔습니다. 저는 주로 신장에 좋다고 하는 정어리로 음식을 만들었습니다. 염분이 신경 쓰였지만 수분과 칼륨을 충분히 섭취시키면 괜찮다는 스사키 선생님의 조언을 믿고 먹였습니다. 칼륨이 풍부한 채소는 최대한 잘게 썰어서 소화가 잘되도록 했습니다. 콩도 신장에 좋다고 해서 끓인 뒤 으깨서 먹였습니다.

레시피 17

참깨로 풍미를 더한 정어리 채소죽

재료

정어리
쌀밥
톳
연근
당근
참기름

도움말

콩, 동아, 오이 등 계절에 맞춰서 이뇨 작용을 하는 채소를 넣는 걸 추천한다.

만드는 방법

1. 정어리 살을 푸드 프로세서로 잘게 다진다.
2. 냄비에 참기름을 두르고 1과 잘게 썬 채소, 톳을 살짝 볶는다.
3. 2의 재료가 잠길 정도로 물을 붓고 채소가 부드러워질 때까지 푹 끓인다.
4. 쌀밥을 그릇에 담고 3을 국물까지 남김없이 부으면 완성.

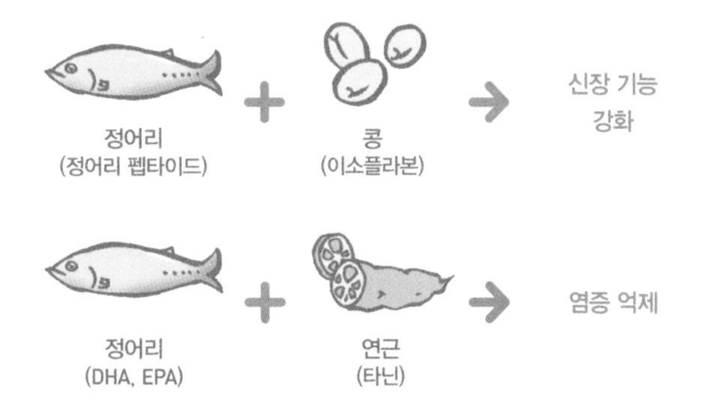

조리 POINT

정어리 펩타이드가 신장 기능을 강화한다. 말린 정어리를 사용하면 편하다. 콩은 콩팥 모양을 닮아서 신장병에 좋다고 한다. 제철 콩을 먹이면 좋다. 노폐물 배설을 위해 식이섬유가 풍부한 연근도 먹이자.

1군: 곡류 2군: 육류, 생선, 달걀, 유제품 3군: 채소, 해조류, 과일 α: 유지류 α: 풍미

비만

이름	구로가와 구루미	견종	비글
성별	암컷	나이	7세

어떻게 개선되었을까요?

구루미는 비글의 특성인지 모르겠지만 끝없이 먹는 습관이 있었습니다. 사료만으로는 만족해하지 않고 육포 같은 간식을 주면 좋아하길래 달라는 대로 먹였습니다. 게다가 우리 집 식구가 다섯 명인데 저마다 간식을 줬기 때문에 구루미에게 지나치게 많은 양의 칼로리를 섭취시키고 있었습니다. 우연치 않게 잡지에서 다이어트에 수제 음식이 좋다는 기사를 읽고 그날로 식단을 바꿔보았습니다. 그러자 체취와 소변 냄새에서 바로 변화가 나타났습니다. 수제 음식으로 바꾼 다음날부터 냄새가 심해지고 힘이 없어져서 가족들이 동요했지만, 독소 배출 증상일 거라는 생각에 조금 더 지켜보기로 했습니다. 3일 정도 지나자 냄새가 사라지고 다시 활발해졌고, 수제 음식을 먹이기 시작한 지 4개월이 지난 무렵에는 구루미의 몸이 튼튼해지고 허리선이 드러났습니다. 혈액 검사 결과도 좋게 나왔습니다.

음식을 만들 때 이런 점을 주의했어요

수제 음식은 사료와 비교하면 수분이 많고 양도 많아서 구루미 역시 기분 좋게 먹었습니다. 양배추 등 채소의 양을 늘리고 뿌리채소를 갈아서 섞기도 했으며, 동물성 단백질은 건강에 좋은 생선으로 섭취시켰습니다. 바쁠 때는 한 번에 많이 만들어 냉동 보관하고 전자레인지로 해동해서 먹였지만 별다른 문제는 없었습니다. 간식으로는 생채소 스틱을 줬습니다. 포만감을 주면서도 살찌지 않아서 애견의 공복 해결에 좋습니다.

낫토를 얹은 연어 현미 채소죽

재료

연어
현미밥
낫토
양배추
당근
감자
무
표고버섯
명주다시마

만드는 방법

1. 채소는 잘게 썰고, 연어는 먹기 좋은 크기로 썬다.
2. 냄비에 1과 현미밥, 명주다시마를 넣고 재료가 잠길 정도로 물을 부어서 채소가 부드러워질 때까지 푹 끓인다.
3. 2를 그릇에 담고 낫토를 위에 얹으면 완성.

도움말

다이어트 중에는 기름을 멀리 해야 할 것 같지만 식물성 기름에는 혈중 콜레스테롤을 감소시키고 변비 해소에 도움이 되는 성분이 있으므로 소량은 넣어도 괜찮다.

조리 POINT

식이섬유가 풍부한 채소나 해조류를 섭취시켜서 체내에 쌓인 노폐물을 배출시키자. 칼로리가 낮으면서도 포만감을 주는 비지를 넣어도 좋다. 비타민B1과 비타민B2가 함유된 말린 멸치는 당질 및 지질의 대사를 촉진하므로 다이어트를 시켜야 할 때는 멸치 육수를 활용하자.

1군: 곡류 2군: 육류, 생선, 달걀, 유제품 3군: 채소, 해조류, 과일 α: 유지류 α: 풍미

비만

이름	가와무라 마론	견종	미니어처 닥스훈트
성별	암컷	나이	5세

어떻게 개선되었을까요?

마론은 새끼 때부터 그다지 활발하지 않았지만 밥은 잘 먹어서 뚱뚱해졌습니다. 3세부터 노견용 사료를 먹였는데도 살이 빠지지 않아서 고민이었죠. 어느 날 스사키 선생님의 홈페이지에서 수제 음식으로 살을 뺀 미니어처 닥스훈트의 사진을 봤습니다. 나도 시도해봐야겠다는 생각으로 음식을 만들어 먹이기 시작했습니다.

다행히 마론이 맛있게 먹어줘서 음식을 만든 보람이 있었습니다. 흔히 나타나는 독소 배출 증상도 없었고 정말로 반년 만에 날씬해졌습니다. 저와 가족들은 마론이 날씬해지면서 활발해져서 깜짝 놀랐습니다. 우리 집에 왔을 때부터 생기가 별로 없던 개였기 때문입니다. '원래 이렇게 활기 넘치는 녀석이었구나' 하고 몰라줘서 미안할 정도였습니다.

수제 음식을 먹이면서 운동도 열심히 시켰습니다. 함께 산책하는 친구가 어떻게 된 일이냐고 물어볼 정도로 마론은 몰라보게 활발해졌습니다.

음식을 만들 때 이런 점을 주의했어요

음식을 잘게 썰어서 목에 걸리지 않도록 조심했습니다. 또 마론이 알레르기 체질인데다 다이어트에 식이섬유가 좋다고 해서 버섯을 먹였습니다. 스사키 선생님의 책에 '다이어트할 때 동물성 단백질은 말린 멸치로 섭취시키는 것이 좋다'고 소개되어 있어서 말린 멸치도 자주 사용했습니다. 계산이 서툴러서 영양 계산은 하지 않았지만 여러 가지 음식을 골고루 먹였습니다.

닭고기와 달걀을 넣은 채소죽

재료

닭고기
달걀
쌀밥
당근
무
목이버섯
흰목이버섯
잎새버섯
만가닥버섯(백만송이버섯)
명주다시마
멸치가루

만드는 방법

1. 채소를 잘게 썰고, 닭고기는 갈아놓는다.
2. 냄비에 1과 명주다시마, 멸치가루를 넣고 건더기가 잠길 정도로 물을 부어서 채소가 부드러워질 때까지 푹 끓인다.
3. 쌀밥을 그릇에 담고 2를 국물까지 남김없이 부으면 완성.

조리 POINT

닭고기는 필수 아미노산의 균형이 좋다. 닭고기의 메티오닌은 간에 지방이 쌓이는 것을 예방한다. 닭 껍질에 지방이 많으므로 껍질을 떼고 먹이자. 닭가슴살이나 모래주머니 등은 지방이 보다 적은 부위이므로 닭고기와 식이섬유를 조합하면 건강한 다이어트식을 만들 수 있다.

1군: 곡류 2군: 육류, 생선, 달걀, 유제품 3군: 채소, 해조류, 과일 α: 유지류 α: 풍미

관절염

이름 미나미 노엘 | 견종 미니어처 닥스훈트
성별 암컷 | 나이 7개월

어떻게 개선되었을까요?

노엘에게 음식을 만들어 먹이기 시작한 이유는 관절염 이전에 눈물 자국 때문이었습니다. 노엘은 3개월이 되었을 때 우리 집에 왔습니다. 그때는 눈물 자국이 심했습니다. 하지만 아무리 닦아줘도 소용없어서 어쩌면 사료 때문일 수도 있겠다는 생각이 들었습니다. 건식 사료를 대체할 것을 찾다가 수제 음식으로 바꿨지요. 전보다는 눈물이 덜 나왔고, 1~2주 정도 지난 무렵에는 눈물 자국이 완전히 깨끗해졌습니다. 그런데 6개월이 됐을 즈음 걸음걸이가 이상해져서 엑스레이를 찍어보니 관절에 문제가 있었습니다.

한때는 수술해야 한다고 했지만 특별히 큰 문제는 없었습니다. 약도 먹이면서 수제 음식을 꾸준히 먹였습니다. 약을 줄인 지금 노엘은 아무 문제없었다는 듯이 정상적인 걸음걸이로 평범하게 걸어다닙니다.

음식을 만들 때 이런 점을 주의했어요

스사키 선생님의 책을 참고해서 여러 가지 식재료로 음식을 만드는 데 신경 썼습니다. 가열하면 손실되는 비타민이나 효소 등이 있다고 해서 가열한 식품 외에 생채소도 조금 넣었습니다.

눈물 자국 외에도 앞다리 관절이 걱정되어 뼈와 관절에 좋은 칼슘이 풍부한 정어리가루나 멸치가루도 먹이고 있습니다. 평소에는 전기밥솥으로 쉽게 죽이나 음식을 만듭니다. 며칠 동안 먹일 분량을 한 번에 만드는 데 매우 편리합니다.

레시피 20

닭가슴살과 녹황색 채소를 듬뿍 넣은 채소죽

재료

닭가슴살
플레인 요구르트
쌀밥
호박
토마토
오이
양배추
톳
정어리가루

만드는 방법

1. 채소는 잘게 썰고 닭가슴살은 먹기 좋은 크기로 썬다.
2. 냄비에 쌀밥, 닭가슴살, 호박, 양배추, 톳, 정어리가루를 넣고 재료가 잠길 정도로 물을 부어서 채소가 부드러워질 때까지 푹 끓인다.
3. 2를 그릇에 담고 오이, 토마토, 요구르트를 위에 올리면 완성.

조리 POINT

근력을 키우는 단백질을 섭취시킨다. 살이 쪘다면 저지방 단백질원을 먹이자. 항산화물질을 함유한 토마토(리코펜), 식물성 기름(비타민E), 녹황색 채소(베타카로틴)를 더해주면 염증을 억제할 수 있다. 관절에 좋은 콘드로이틴과 글루코사민을 함유한 오도독뼈나 건강보조식품도 섭취시키자.

1군: 곡류 2군: 육류, 생선, 달걀, 유제품 3군: 채소, 해조류, 과일 α: 유지류 α: 풍미

당뇨병

이름	요시카와 존	견종	몰티즈
성별	수컷	나이	9세

어떻게 개선되었을까요?

존은 4세 정도부터 비만 진단을 받았습니다. 물을 많이 마시고 소변도 자주 보길래 혈액 검사를 했더니 혈당 수치가 높게 나왔습니다. 당뇨병이었지요. 혈당강하제와 처방 사료 등으로 병이 나아지나 싶었더니 6세 때 재발했습니다. 식이요법과 주사로 혈당 수치를 유지시켜야 했습니다. 하지만 약물 부작용 등이 걱정되어 처방 사료가 아닌 수제 음식으로 어떻게든 고쳐주고 싶었습니다. 수제 음식으로 바꾸자 존은 왕성하게 먹는데도 몸이 튼튼해졌습니다. 또, 산책하러 가자 하면 발걸음이 힘차보여서 이대로만 한다면 병을 고칠 수 있겠다는 생각이 들었습니다. 수제 음식을 먹이기 시작한 지 반년 후에 혈액 검사에서 정상 판정을 받았고, 2년이 지나자 혈당 수치가 안정되었습니다.

음식을 만들 때 이런 점을 주의했어요

혈당 수치를 조절하려면 채소 및 해조류 등 식이섬유나 낫토 등 점성이 있는 식품을 섭취시키는 것이 효과적입니다. 한번 채소만 사용해서 죽을 만들어봤지만 존이 냄새만 맡고 먹지를 않았습니다. 그래서 닭고기와 멸치나 뱅어포로 풍미를 더하니 잘 먹었습니다. 채소를 넣은 햄버그스테이크나 완자도 몸을 건강하게 유지하는 데 좋은 음식이었습니다.

스사키 선생님께서 "당뇨병은 췌장이 쉴 수 있는 시간을 만들어주는 것이 중요하므로 성견이 되면 하루에 한 끼만 먹여도 충분합니다."라고 하셔서 그대로 실천했습니다. 솔직히 처음에는 불안했지만 병이 나아서 다행입니다.

레시피 21

닭고기와 톳을 넣은 걸쭉한 채소죽

재료

닭고기
달걀
쌀밥
비지
무
당근
말린 톳
참기름
뱅어포
녹말가루

도움말

당질대사를 촉진하는 비타민 B1이 함유된 호박, 콩 제품, 현미, 말린 멸치나 뱅어포, 노폐물을 배출하기 위해 이뇨 작용을 촉진하는 칼륨 등이 함유된 오이, 동아, 참마, 팥 등을 첨가하면 좋다.

만드는 방법

1. 채소와 말린 톳을 잘게 썰고 닭고기는 갈아놓는다.
2. 냄비에 참기름을 두르고 1과 뱅어포를 넣고 살짝 볶은 뒤, 재료가 잠길 정도로 물을 부어서 채소가 부드러워질 때까지 푹 끓인다. 마지막으로 달걀과 물에 갠 녹말가루를 풀어 넣고 가볍게 휘젓는다.
3. 쌀밥을 그릇에 담고 2를 국물까지 남김없이 부으면 완성.

조리 POINT

칼로리가 적으면서도 오랜 시간 든든하고 포만감을 느끼게 하는 비지나 고구마 등을 먹이면 좋다. 백미보다 현미나 잡곡쌀에 식이섬유가 풍부하다. 녹황색 채소를 더해주면 감염증 예방 효과도 볼 수 있다.

1군: 곡류 2군: 육류, 생선, 달걀, 유제품 3군: 채소, 해조류, 과일 α: 유지류 α: 풍미

심장병

곤노 나나

카발리에 킹 찰스 스패니얼

암컷

9세

어떻게 개선되었을까요?

나나는 5세 때 정기검진에서 심장병 진단을 받았습니다. 병원에서는 심잡음이 들린다며 카발리에 종에서 잘 나타나는 심장병이라 했습니다. 몸집도 큰 탓에 다이어트용 사료로 바꾸고 심장약을 먹이기 시작했지만, 나나가 다이어트용 사료는 물론 약도 싫어해서 고민이었습니다. 그러다가 수제 음식을 알게 되었고 정기적으로 검사를 받으면서 음식을 만들어 먹이기 시작했습니다. 수제 음식으로 바꾸자마자 나나는 걸신들린 듯이 밥을 잘 먹었습니다. 살찌지 않을까 걱정했지만 음식을 잘 먹는데도 살이 빠졌습니다. 혹시 당뇨병이 아닌가 싶어 혈액 검사를 해보니 다행히 정상이었습니다. 나나는 점점 이상적인 체형으로 변했고 털에 윤기가 흐르고, 눈빛도 좋아졌습니다. 1년 후, 놀랍게도 심잡음이 사라졌습니다. 주치의 선생님은 원인을 명확하게 모르겠다고 하셨지만 저는 수제 음식 덕분이라고 생각합니다.

음식을 만들 때 이런 점을 주의했어요

심장병의 원인은 아직 명확하게 밝혀지지 않아 나타나는 증상만 치료하는 식입니다. 나나에게는 혈액순환을 원활하게 하고 심장에 부담을 주지 않는 음식을 꾸준히 먹였습니다. 마침 아버지가 고지혈증과 동맥경화로 식이요법을 하셔서 똑같은 식재료로 간을 한 것은 가족들이 먹고, 간을 하지 않는 것은 나나에게 주었습니다. 나나는 물론 가족 모두가 건강하게 지내고 있습니다.

레시피 22

바지락 육수로 끓인 낫토 채소죽

재료

바지락 살
쌀밥
당근
낫토
생강
명주다시마
육수용 조미료

만드는 방법

1. 바지락 살은 데치고, 당근을 잘게 썬다.
2. 냄비에 1과 데친 바지락 살, 쌀밥, 명주다시마, 육수용 조미료를 조금 넣고 재료가 잠길 정도로 물을 부어서 채소가 부드러워질 때까지 푹 끓인다. 불을 끈 뒤 생강을 갈아 넣고 가볍게 휘젓는다.
3. 그릇에 2를 담고 낫토를 위에 얹으면 완성.

조리 POINT

DHA, EPA가 함유된 생선을 먹이자. 혈액순환을 촉진하고 혈압을 낮춘다. 심장 기능을 강화하는 비타민Q가 함유된 브로콜리, 시금치 등의 채소도 먹이자. 치주 질환 예방에는 베타카로틴을 함유한 녹황색 채소를 추천한다.

1군: 곡류 2군: 육류, 생선, 달걀, 유제품 3군: 채소, 해조류, 과일 α: 유지류 α: 풍미

백내장

구도 윌리엄

닥스훈트

수컷

9세

어떻게 개선되었을까요?

윌리엄은 6세 때 건강검진에서 백내장 진단을 받았습니다. 개선은 무리더라도 악화되는 것을 막을 방법이 없을까 하고 찾던 중 요리교실에 함께 다니는 친구가 스사키 선생님을 소개해줘서 바로 상담을 받았습니다. 스사키 선생님이 '초기 단계라면 아직 늦지 않았다'고 하셔서 음식을 만들어 먹이기 시작했습니다. 이전까지 먹이면 안 되는 음식을 간식으로 종종 줬기에 윌리엄은 사료 편식이 심했습니다. 수제 음식은 잘 먹을까 걱정했지만 걱정이 무색하게 여태껏 본 적 없는 식욕으로 음식을 날름 먹어치웠습니다. 날마다 눈 상태를 관찰했는데 별다른 변화는 없었지만 증상이 약해진 듯한 느낌이 들었습니다. 8세가 되어 받은 건강검진에서 백내장이 없다는 말을 들었습니다. 포기하지 않길 잘했습니다.

음식을 만들 때 이런 점을 주의했어요

눈 건강에 비타민A와 비타민C, 항산화물질이 좋다고 해서 호박과 브로콜리를 먹였습니다. 동물성 식품으로는 스사키 선생님이 추천한 닭고기와 돼지고기도 먹였습니다. 처음에는 나나가 소화를 잘할 수 있을지 걱정스러웠지만 지금은 큼직하게 썬 채소를 줘도 잘 먹고 소화도 잘합니다.

레시피 23

닭고기를 넣은 브로콜리죽

재료

닭고기
쌀밥
브로콜리
호박
정어리가루(또는 멸치가루)

도움말

베타카로틴의 보물창고라고 불리는 당근은 백내장에 추천하는 식품이다! 강력한 항산화 작용을 하는 아스타잔틴이 함유된 연어를 먹여도 좋다.

만드는 방법

1. 닭고기는 갈고, 채소를 잘게 썬다.
2. 냄비에 1과 정어리가루를 넣고 재료가 잠길 정도로 물을 부어서 채소가 부드러워질 때까지 끓인다.
3. 쌀밥을 그릇에 담고 2를 국물까지 남김없이 부으면 완성.

조리 POINT

백내장에는 눈의 건강 유지를 돕는 비타민A와 비타민C, 항산화 작용을 하는 식품을 함께 먹이면 좋다.

1군: 곡류　2군: 육류, 생선, 달걀, 유제품　3군: 채소, 해조류, 과일　α: 유지류　α: 풍미

외이염

이름 와카미야 가이토

견종 토이 푸들

성별 수컷

나이 2세

어떻게 개선되었을까요?

가이토는 평소에 무른 변을 보고 외이염이 있어 귀를 자주 긁었습니다. 긁어도 긁어도 낑낑대는 모습에 안타까웠지요. 귀에 약을 넣는 것도 괴로워했습니다. 하지만 수제 음식으로 바꿨더니 건강한 변을 보았습니다. 수제 음식도 꾸준히 먹여서인지 외이염도 나았습니다.

음식을 만들 때 이런 점을 주의했어요

날마다 음식을 먹여야 하는데 매번 영양을 계산하고 무게를 재기는 어렵다고 생각했습니다. 꾸준히 하면서도 쉽게 하는 방법을 찾았지요. 마침 쉽게 실천할 수 있는 스사키 선생님의 방식이 딱 맞았습니다. 동물병원에서 알레르기성일 수도 있다고 해서 식재료(특히 단백질원)를 계속 바꿔서 먹이려고 했습니다. 육류는 매일 50g 정도(체중 약 4kg일 때)를 먹이는 식단으로 짰습니다. 지금은 가이토가 아무 문제없이 고기를 먹을 수 있습니다. 건강해져서 다행입니다.

닭가슴살과 채소를 듬뿍 넣은 죽

재료

닭가슴살
호박
무
토마토
말린 표고버섯
말린 벚꽃새우

함께 먹인 건강보조식품

과일 분말
과일 씨의 배아는 병원체 감염에 좋다.

소화 효소
소화를 돕고 체력을 키운다.

꿀벌 화분
미네랄의 보물창고로 천연 비타민이다.

만드는 방법

1. 냄비에 잘게 썬 채소와 말린 표고버섯, 벚꽃새우, 먹기 좋은 크기로 썬 닭가슴살을 넣는다. 재료가 잠길 정도로 물을 부어서 채소가 부드러워질 때까지 푹 끓인다.
2. 1을 그릇에 담아서 갈아놓은 당근과 오이, 잘게 다진 파슬리를 위에 올리고 아마인유를 살짝 뿌린다. 건강보조식품도 함께 먹인다.

조리 POINT

풍미를 더하려면 조개 육수를 넣어도 좋다. 단백질원으로는 비타민A가 풍부한 닭고기와 염증을 억제하고 알레르기를 예방하는 EPA가 함유된 생선을 추천한다. 노폐물 배출 효과가 있는 식이섬유와 이뇨 작용을 하는 여름철 채소 등을 넣어서 배뇨를 돕는다. EPA의 기능을 돕는 식물성 기름도 첨가하면 훨씬 효과적이다.

토핑 만들기

| 재료 | 당근, 오이, 파슬리, 아마인유

| 만드는 방법 |

1. 당근과 오이는 갈아놓고 파슬리는 잘게 다진다.
2. 그 위에 아마인유를 뿌린다.

1군: 곡류 2군: 육류, 생선, 달걀, 유제품 3군: 채소, 해조류, 과일 α: 유지류 α: 풍미

벼룩, 진드기, 외부기생충

이름	나카무라 푸딩	견종	토이 푸들
성별	암컷	나이	3세

어떻게 개선되었을까요?

푸딩은 우리 집에 왔을 때부터 체취가 심해서 산책하러 나가면 벼룩이나 진드기가 잘 달라붙었습니다. 벼룩 및 진드기 구제제를 사용하니 확실히 효과가 있었지만 약을 바른 부분의 털이 빠져서 더 쓰지 않았습니다. 그러다가 친구가 수제 음식이 좋다 해서 당장 먹이기 시작했습니다. 하지만 그날부터 체취가 훨씬 심해지고 소변도 양이 많아지고 냄새가 심해져 불안했습니다. 하지만 5일 정도 지나자 냄새가 싹 사라졌습니다. 아마도 그동안 몸에 쌓여 있던 독소가 한꺼번에 배출된 듯합니다. 털도 심하게 빠지기 시작해서 깜짝 놀라기는 했지만 반년 후에는 다시 자라났습니다. 수제 음식을 먹이기 시작한 지 1년이 지나자 체취도 사라지고, 여름에는 벼룩과 진드기도 달라붙지 않았습니다. 수제 음식으로 바꾸길 잘했습니다.

음식을 만들 때 이런 점을 주의했어요

체취는 벼룩이나 진드기가 달라붙는 이유 중 하나인데, 체내에 노폐물이 쌓여서 체취가 심해진다는 사실을 알고 디톡스에 신경을 썼습니다. 제철 채소와 농약이 적은 채소로 음식을 만들었습니다. 푸딩은 국밥처럼 물이 많은 음식을 먹으면 입 주위가 지저분해져서 가려워했습니다. 수분만 충분하면 볶음밥이나 비빔밥으로 바꿔도 문제없다고 해서 볶음밥을 만들어 먹였습니다. 소변 색이 연해지고, 건강해져서 다행입니다.

소고기와 녹황색 채소를 넣은 볶음밥

재료

소고기
달걀
쌀밥
당근
양배추
표고버섯
소송채
참기름
마늘

도움말

이뇨 작용을 촉진하는 사포닌이 함유된 콩 제품, 칼륨이 함유된 감자류, 오이나 동아 등의 여름철 채소, 노폐물 배출을 돕는 이눌린이 함유된 우엉 등을 첨가하면 훨씬 효과적이다.

만드는 방법

1. 채소와 소고기를 잘게 썬다.
2. 쌀밥과 달걀 푼 것을 볼에 넣고 잘 섞어놓는다.
3. 냄비에 참기름을 두르고 다진 마늘을 조금 넣어서 볶다가 마늘 향이 배면 1을 넣고 함께 볶는다.
4. 3에 2를 넣어서 잘 섞어가며 볶으면 완성.

조리 POINT

벼룩이나 진드기를 예방하려면 식이섬유와 이뇨 작용을 하는 칼륨이 풍부한 채소를 섭취시켜서 노폐물을 체외로 배출시키자. 피부의 건강을 유지하는 비타민A와 비오틴을 함유하는 간도 추천한다. 마늘 향은 해충 방지 효과가 있으므로 애견이 먹어도 괜찮은지 확인한 뒤 음식에 활용하자.

1군: 곡류 2군: 육류, 생선, 달걀, 유제품 3군: 채소, 해조류, 과일 α: 유지류 α: 풍미

지나친 체중 저하

이름	가토 펄	견종	저먼 셰퍼드 도그
성별	암컷	나이	5세

어떻게 개선되었을까요?

펄은 새끼 때부터 식욕이 왕성한데도 내장이 약해서 살이 붙지 않고 비쩍 마르기만 했습니다. 개 사료도 여러 종류를 먹여보고 병원에서 검사도 해봤지만 원인을 알 수 없었습니다. 4년 동안 이 방법, 저 방법을 해봐도 나아지지 않았습니다. 결국 스사키 선생님을 찾아가 치료를 받고 식사에 대한 조언도 구했습니다.

치료를 시작한 지 1개월째에는 등에 좁쌀 같은 것이 도톨도톨 나고 털이 여기저기 빠져서 상태가 심각했으나, 2개월이 지난 무렵부터 등에 난 것이 서서히 사라지고 3개월째에는 털도 사라났습니다. 게다가 펄의 체중이 서서히 증가해서 처음에 목표로 삼았던 25kg이 되었습니다! 살도 붙었지만 털의 상태도 좋아져서 볼수록 놀라울 따름입니다.

음식을 만들 때 이런 점을 주의했어요

식사가 급격한 변화를 가져오는 것은 아니라서 장기적으로 봐야 한다기에 매번 너무 애쓰지는 않으면서 꾸준히 만들었습니다. 식재료는 제 식단과 똑같이 만들거나 슈퍼의 할인 품목에 따라 '오늘은 닭고기로 할까, 생선으로 할까?' 고민할 수 있어 경제적으로도 도움됐습니다. 또한 증상과 상태에 맞춰서 건강보조식품도 섭취시켰습니다. 포기하지 않고 노력하길 잘했습니다.

레시피 26

걸쭉한 닭고기 채소죽

재료

닭고기(돼지고기나 생선으로 바꿔도 된다.)
쌀밥
소송채
표고버섯
당근
오크라
호박

도움말

바나나와 키위 같은 과일도 당질이 풍부해서 에너지원으로 사용할 수 있는 식재료다. 간식으로 과일을 주는 것도 좋다.

만드는 방법

1. 냄비에 잘게 썬 채소를 넣고 재료가 잠길 정도로 물을 부어서 푹 끓인다. 닭고기는 갈아놓는다.
2. 채소가 부드러워지면 갈아놓은 닭고기를 넣고 끓이다가 닭고기가 익으면 쌀밥을 넣어서 푹 끓인다.
3. 2를 그릇에 담으면 완성

조리 POINT

밥을 주는 대로 다 먹으면 하루에 주는 양을 늘려보고, 다 먹지 못하면 한 끼 식사의 단백질(육류나 생선)과 당질(쌀밥, 감자류)의 비율을 늘려보자. 효과적인 에너지원인 식물성 기름을 더하는 것도 추천한다.

1군: 곡류 2군: 육류, 생선, 달걀, 유제품 3군: 채소, 해조류, 과일 α: 유지류 α: 풍미

알레르기를 일으키는 음식을 무엇으로 바꾸면 좋을까요?

음식 알레르기에 관해서

알레르기 검사에서 양성이 나온 음식이 있대도 걱정하지 마세요. 그 음식의 영양소는 다른 음식으로도 섭취시킬 수 있습니다!

병원체에 감염되어 증상이 나타나기도 한다

'음식 알레르기' 진단을 받은 개들이 많이 찾아옵니다. 검사해보면 소화 기관의 병원체 감염이 의심되는 경우가 많습니다. 그 원인을 제거하면 알레르기 검사에서 양성 판정을 받은 음식을 먹어도 증상이 나타나지 않는 경우도 있습니다. 따라서 음식 알레르기인지 병원체 감염인지 잘 확인해봐야 합니다.

바꿀 수 있는 식품은 얼마든지 있다

한편 일반적인 치료에서는 알레르기를 일으키는 음식을 식단에서 빼면 당분간은 안심할 수 있습니다. 하지만 '영양 균형이 무너지지 않을까?' 하고 새로운 걱정거리가 생깁니다. 그럴 때 오른쪽 표를 참고해보세요. 물론 원인은 개마다 달라서 이대로 먹이면 백 퍼센트 괜찮다고 할 수는 없지만, 우리 병원에서 진료할 때도 이 변환표로 효과를 보고 있으니 활용해보시기 바랍니다. 채소는 갈아서 먹일 것을 권합니다. 만일 이 변환표로 문제를 해결할 수 없을 때는 근본적인 원인이 음식이 아닌 다른 것이라고 생각할 수 있습니다.

알레르기 음식, 이렇게 바꾸자

음식 알레르기 때문에 못 먹는 음식이 있는 개들이 많습니다. 아래 표를 참조해서 먹일 수 있는 다른 식재료를 찾아보세요. 영양 균형을 맞출 수 있도록 도와줍시다.

단백질 대체 음식

– 튼튼한 몸을 만들고 뇌를 활성화한다.

못 먹는 음식	음식에 함유된 영양소와 기능	대체 음식
생선	**오메가3 지방산(DHA, EPA)** : 간 기능을 정상화하고 혈액을 맑게 한다.	아마인유, 들기름, 호두, 참깨
	비타민D : 칼슘 흡수를 촉진한다.	말린 표고버섯, 식물성 기름, 목이버섯
	나이아신 : 당질과 지질의 대사를 촉진한다.	현미, 견과류(참깨, 아몬드), 잎새버섯
소고기	**비타민B2** : 피부와 점막의 세포 생성을 돕고, 발육을 촉진한다.	낫토, 김, 멜로키아
	철 : 체내에 산소를 운반하여 빈혈을 예방한다.	녹색 채소, 낫토, 톳, 말린 멸치
	아연 : 피부의 건강을 유지하고 발육을 촉진한다.	콩, 낫토, 김, 참깨
돼지고기	**비타민B1** : 당질을 분해하고 피로를 해소한다.	현미, 콩, 강낭콩
	비타민B2 : 피부와 점막의 세포 생성을 돕고, 발육을 촉진한다.	낫토, 김, 멜로키아
	나이아신 : 당질과 지질의 대사를 촉진한다.	현미, 견과류(참깨, 아몬드), 잎새버섯
닭고기	**메티오닌** : 혈중 콜레스테롤 수치를 낮추고 활성산소를 제거한다.	시금치, 과일, 견과류, 완두콩, 낫토
	비타민A : 피부와 점막, 눈의 건강을 유지하고 감염증을 예방한다.	녹황색 채소, 김, 미역
	리놀레산, 올레산 : 혈중 콜레스테롤 수치를 낮춘다.	올리브유, 홍화유, 옥수수유
	비타민B2 : 피부와 점막의 세포 생성을 돕고, 발육을 촉진한다.	낫토, 김, 멜로키아
달걀	**비타민B2** : 피부와 점막의 세포 생성을 돕고, 발육을 촉진한다.	낫토, 김, 멜로키아
	비타민A : 피부와 점막, 눈의 건강을 유지하고 감염증을 예방한다.	녹황색 채소, 김, 미역
	비타민D : 칼슘 흡수를 촉진한다.	말린 표고버섯, 식물성 기름, 목이버섯
유제품	**비타민B2** : 피부와 점막의 세포 생성을 돕고, 발육을 촉진한다.	낫토, 김, 멜로키아
	비타민A : 피부와 점막, 눈의 건강을 유지하고 감염증을 예방한다.	녹황색 채소, 김, 미역
	칼슘 : 뼈와 치아를 만들고 정신 안정에 좋다.	말린 멸치, 낫토, 소송채, 톳
콩	**비타민B1** : 당질을 분해하고 피로를 해소한다.	현미, 콩, 강낭콩
	철 : 체내에 산소를 운반하여 빈혈을 예방한다.	녹색 채소, 톳, 말린 멸치
	식이섬유 : 변비를 해소하고 혈당 수치가 급격하게 상승하는 것을 막는다.	해조류(톳, 미역), 과일, 현미, 감자류, 버섯

당질 대체 음식

- 에너지를 공급하고 뇌를 활성화하는 데 필요하다.

못 먹는 음식	음식에 함유된 영양소와 기능	대체 음식
밀	**비타민B1** : 당질을 분해하고 피로를 해소한다.	돼지고기, 연어, 강낭콩
	비타민E : 항산화 작용을 한다.	말린 표고버섯, 식물성 기름, 견과류, 호박
	식이섬유 : 변비를 해소하고 혈당 수치가 급격하게 상승하는 것을 막는다.	해조류(톳, 미역), 과일, 감자류, 버섯
옥수수	**비타민B1** : 당질을 분해하고 피로를 해소한다.	돼지고기, 연어, 강낭콩
	비타민B2 : 피부와 점막의 세포 생성을 돕고, 발육을 촉진한다.	낫토, 김, 멜로키아, 달걀, 등푸른생선
	칼륨 : 몸속에 남아 있는 나트륨을 배출한다.	파슬리, 낫토, 시금치, 참마
	식이섬유 : 변비를 해소하고 혈당 수치가 급격하게 상승하는 것을 막는다.	해조류(톳, 미역), 과일, 감자류, 버섯
곡류	**비타민B1** : 당질을 분해하고 피로를 해소한다.	돼지고기, 연어, 강낭콩
	나이아신 : 당질과 지질의 대사를 촉진한다.	견과류(참깨, 아몬드), 잎새버섯, 등푸른생선, 돼지고기, 닭고기
	철 : 체내에 산소를 운반하여 빈혈을 예방한다.	녹색 채소, 톳, 말린 멸치, 낫토
	식이섬유 : 변비를 해소하고 혈당 수치가 급격하게 상승하는 것을 막는다.	해조류(톳, 미역), 과일, 감자류, 버섯

이런 소문을 들었는데 정말인가요?

음식에 얽힌 진실과 거짓

세상에는 반려인을 불안하게 하는 수상한 정보가 많습니다.

궁금증1

Q 채소는 어떻게 먹여야 할까요? 아예 먹이지 않아도 괜찮나요?

'개는 원래 육식동물이라서 채소를 소화할 수 없다. 먹여도 내장에 부담만 준다', '채소를 먹일 때는 소화 효소를 첨가해야 한다', '채소는 분말로 만들어 먹여야 한다', '채소는 얼려서 세포벽을 파괴해야 영양을 흡수시킬 수 있다', '채소는 아주 조금만 먹이면 된다'는 등 여러 소문이 있습니다. 무엇이 진실이고, 어떻게 해야 살아 있는 영양소로 흡수시킬 수 있는지 알려주세요.

A 개가 육식동물이라 해서 육류 외의 음식을 먹으면 죽는다는 의미가 아닙니다. 앞에서도 살펴봤듯이 개는 잡식 경향이 있는 육식동물입니다. 하지만 고기를 먹으면 알레르기 증상이 나타나서 어쩔 수 없이 채식을 하는 개들이 있습니다. 채식을 하며 건강하게 사는 개들도 많지요. 생물에게는 '환경에 적응하는' 능력이 있으므로 채소를 먹이면 안 된다는 의견은 극단적이 아닌가 싶습니다. 또 개나 사람이나 식이섬유를 소화하는 효소를 갖고 있지 않습니다. 하지만 채소를 주식으로 먹어 영양실조로 죽었다는 이야기를 들어본 적도 없습니다. 만일 문제가 생겼다면 이는 진료 경험으로 미루어볼 때 채소 때문이 아니라 소화 장애가 원인일 확률이 큽니다.

궁금증2

Q 사람은 곤약이나 버섯처럼 소화 흡수가 잘 안 되는 음식을 다이어트에 자주 활용하는데, 개는 소화할 수 없는 음식을 먹이면 안 되나요?

개에게는 소화 흡수할 수 없는 음식을 주면 안 된다는 이야기를 자주 듣는데 반드시 지켜야 하나요? 소화 흡수되지 않고 체외로 배출되는 과정이 개의 몸에 해를 끼치나요?

A 개뿐만 아니라 사람도 식이섬유를 소화하는 효소를 갖고 있지 않습니다. 하지만 걱정하지 않아도 될 정도로 많은 개가 채소를 먹고 있고, 사료 속에 식이섬유가 들어 있어도 건강하게 생활합니다. 만일 채소가 좋지 않다고 한다면 그보다 더 딱딱한 '뼈'는 위험한 식품 순위 1위에 올라야 할 텐데 실제로는 그렇지 않습니다.

소화기관은 사람도 개도 크게 다르지 않습니다. 위가 음식물을 죽 상태로 만들기 전에는 장으로 보내지 않기 때문에 위에서 장까지는 부드러운 소화물만 흐릅니다. 몸이 음식물을 죽 상태로 만들기 어려울 때 '토하는' 행동으로 대처합니다. 또한 소화할 수 없는 식이섬유는 영양적인 가치는 없습니다. 하지만 변의 질을 조절하는 데 중요하므로 건강을 유지하기 위해 필요한 '여섯 번째 영양소'라 할 수 있습니다.

정보는 정확하게 이해해서 활용합시다

개에게 먹이면 안 되는 음식

온갖 정보가 뒤섞인 가운데 '가짜 정보'와 '진짜 조심해야 할 정보'를 구별하는 것이 가장 중요합니다.

정말로 개에게 주면 안 되는 음식

이미 아는 반려인도 많겠지만 개에게 주면 안 되는 음식을 다시 한번 살펴봅시다.

✚ 개의 몸에 악영향을 끼칠 가능성이 높은 음식

- 파 종류
- '생' 오징어, 문어
- 소화기를 손상시킬 가능성이 있는 것(뾰족하고 딱딱한 뼈 등)
- '날달걀'의 흰자
- 초콜릿
- 감자 싹(솔라닌)
- 향신료

음식의 문제인가, 농약 또는 유통 과정의 문제인가?

먼저 음식이라는 것은 만에 하나라도 마음에 걸리는 점이 있으면 줄지 말지 신중하게 결정해야 합니다. A라는 음식을 먹어서 몸 상태가 나빠질 경우, A 자체가 문제일 수 있는가 하면, A의 재배나 가공, 유통 과정 등에서 A의 표면에 묻은 무언가가 원인이 될 수도 있습니다. 확실한 원인을 모를 때는 'A는 조심해야 할 음식이야'라고 기억해둡시다.

먹으면 즉사한다?

사람도 매년 떡이 목에 걸려서 사망하는 안타까운 사고가 일어납니다. 그렇다고 해서 떡을 절대로 먹으면 안 된다고 하지 않는 것과 마찬가지입니다. 반려동물이 먹을 수 있는 음식이라도 '금지', '먹으면 즉사'라는 과격한 정보로 바뀌어서 오히려 반려인에게 쓸데없는 불안감을 주는 경우가 많습니다.

포도를 많이 먹이면 위험하다?

'개에게 포도를 먹이면 위험하다'는 말을 들어본 적이 있지 않나요? 지금으로서는 원인을 알 수 없습니다. 저는 연수차 방문한 병원에서 거봉 두 송이를 먹은 후에 치매 증상을 보인 여성에게 농약 해독요법을 실시했더니 정상적으로 회복된 사례를 눈으로 직접 보았습니다. 아직은 포도 자체가 문제인지, 포도의 껍질에 묻은 농약이 문제인지 분명하지 않지요. 또 몇몇 개가 먹은 지 3일 만에 급성 신부전증을 일으킨 이유도 명확하지 않습니다. 하지만 정확한 원인이 밝혀지기 전까지는 조심하는 편이 좋습니다.

아보카도는 몸 상태를 악화시킨다?

이 정보는 남아프리카에서 개 두 마리가 아보카도를 먹고 구토, 설사, 부종 등의 증상을 보였다는 논문이 발단이었습니다. 그 원인 물질은 '퍼신Persin'이라고 불립니다. 한편 아보카도 농장에서 기르는 개는 아보카도를 수확할 때 날마다 몇 개씩 먹는데도 매우 건강하다고 합니다. 저도 수제 음식을 먹이는 분들 중에서 아보카도를 먹여서 문제가 생겼다는 사례를 접한 적이 없습니다. 품종의 차이인지, 표면에 묻은 농약의 문제인지, 또는 섭취량의 문제인지 아직 명확하게 알 수 없으므로 과하게 먹이는 것은 피합시다.

정제된 자일리톨은 조심해야 한다

이 정보는 '정제된' 자일리톨이 개의 간부전증이나 저혈당과 같은 증상을 일으킨다고 하는 논문이 발단이었습니다. 이 논문의 내용이 자일리톨을 함유한 딸기나 상추를 먹이면 위험하다는 이야기로 비약해서 반려인에게 쓸데없는 불안감을 주고 있습니다. 위험하다고 한 양을 계산해보면 체중 1kg짜리 치와와가 양상추를 2kg은 먹어야 위험하다고 할 수 있습니다. 하지만 다른 음식이라도 이렇게 많은 양을 먹으면 다른 이유로 몸 상태가 나빠지지 않을까요? 또 자일리톨은 개를 위한 식품이 아니므로 실수로 먹었다면 상태를 잘 지켜봐주세요. 위험성을 경고하는 것은 중요하지만 현실에서 일어날 가능성이 있는지 없는지 잘 구별해야 합니다.

건강을 유지하는 데 도움이 되지만 섭취량을 주의합시다!

개에게 효과적인 허브

많이 필요하지는 않지만 극소량을 사용해도 몸 상태를 조절하는 데 효과가 있습니다.

개에게 추천하는 허브

– 개에게도 허브를 먹이면 좋다!

허브 이름	효능	먹이는 방법
갈릭	항균, 항산화, 항진균	밥에 섞는다
강황	혈액 정화, 진통, 항진균, 항염증, 항산화, 간 기능 강화	밥에 섞는다
귀리	강장, 소화 촉진, 항염증	밥에 섞는다, 허브티, 침출액, 추출액
딜	소화 기능 강화, 모유 분비 촉진, 항균, 이뇨	밥에 섞는다, 허브티, 추출액
로즈메리	강장, 진통, 항산화, 항균	밥에 섞는다, 허브티, 추출액(육류 및 감자와 궁합이 좋다.)
로즈힙	이뇨, 강장, 변비, 건강한 피부 유지	밥에 섞는다, 허브티, 추출액(육류 및 감자와 궁합이 좋다.)
메리골드	항염증, 상처 회복, 항균, 간 기능 강화	밥에 섞는다, 허브티
바질	복통, 변비 해소, 소화 촉진	밥에 섞는다, 허브티, 침출액, 추출액
세이지	항균, 소화 촉진, 항감염, 구내염 및 치주 질환 예방	밥에 섞는다, 허브티, 침출액, 추출액
셀러리	이뇨, 진통	밥에 섞는다
아마	영양 공급, 항산화, 경쟁	밥에 섞는다
알팔파	항염증, 항산화, 이뇨, 관절염, 암 예방, 방광염	밥에 섞는다, 허브티
오레가노	소화 촉진, 진통	밥에 섞는다, 허브티, 침출액
진저	소화 촉진, 발한, 살균, 피부염	밥에 섞는다, 허브티, 침출액, 추출액
캐모마일	진통, 소염, 방광염, 화분증, 피부염, 소화 촉진	밥에 섞는다
코리안더(고수)	식욕 증진	밥에 섞는다, 허브티
타임	항균, 소화 촉진, 항감염, 구내염 및 치주 질환 예방	밥에 섞는다
파슬리	혈압 강하, 영양 공급, 이뇨, 관절염 완화, 항균	밥에 섞는다
페퍼민트	소화 촉진, 항균, 발한, 소화 촉진	밥에 섞는다, 허브티, 침출액, 추출액
펜넬	소화 촉진, 해독, 이뇨, 모유 분비 촉진	밥에 섞는다, 허브티, 침출액, 추출액

전문가의 조언을 따른다

식물에는 투구꽃처럼 기본적으로는 맹독을 지녔지만 사용 방법에 따라 약이 되기도 하는 식물도 있는가 하면 무처럼 아무리 먹어도 안전한 것도 있습니다. 전자는 취급이 규제되어 있고 후자는 슈퍼 등에서 구입할 수 있습니다. 허브는 그 중간으로 소량만 사용해도 건강을 유지하는 데 도움이 됩니다. 어떤 목적으로 무슨 허브를 얼마나 섭취시키면 좋은지는 전문가와 상담하기 바랍니다.

언제까지나 젊고 활기차게 지내려면?

— 노화 방지에 효과적인 허브

허브 이름	효능
로즈메리	혈액순환을 촉진하고 활력을 증진시킨다. '회춘의 허브'라 불린다.
로즈힙	피부를 아름답게 유지시키고 노화를 방지한다.
세이지	강장 및 항산화 작용을 한다.
시나몬	해독 작용이 있으며 몸을 따뜻하게 한다.
진저	자양강장 효과가 있고 해독 작용을 한다.

조리 POINT

편식 없이 골고루 먹여서 체력을 유지시키자! 생선에 녹황색 채소와 식물성 기름을 조합하면 노화 방지 음식이 완성된다. 여기에 허브를 넣자. 향이 너무 강하지 않게 소량을 사용하면 된다.

노화 방지 영양소 Best 5

❶ DHA, EPA

혈액을 맑게 하고
뇌 기능을 향상시킨다.

|함유 식품| 전갱이, 정어리, 고등어, 가다랑어, 연어, 참치, 말린 멸치, 열빙어

❷ 베타카로틴

노화를 방지하고
항암 및 항산화 작용을 한다.

|함유 식품| 당근, 호박, 시금치, 토마토, 멜로키아, 쑥갓

❸ 비타민E

세포의 노화를 방지하고 혈액순환을
촉진한다. 생활습관병을 예방하며
항산화 작용도 한다.

|함유 식품| 식물성 기름, 견과류(아몬드, 땅콩), 참깨, 호박, 정어리

❹ 비타민C

항스트레스 및 항산화 작용을 하며
면역력을 강화한다.

|함유 식품| 브로콜리, 피망, 호박, 고구마, 소송채, 과일

❺ 피토케미컬

몸속을 정화하고 면역력을 강화하며
항산화 작용을 한다.

|함유 식품| 가지, 콩, 사과, 참깨, 메밀국수, 연어, 녹황색 채소, 양배추, 무, 버섯

* 피토케미컬(파이토케미컬) : 카로티노이드, 폴리페놀, 테르펜, 베타글루칸, 황화합물

한눈에 보는 영양 정보

육류, 생선, 달걀, 유제품

가다랑어 비타민B군이 많아서 스태미나와 건강을 증진시키는 효과가 있다. 지방이 적은 대구나 참치의 붉은 살 또는 가자미나 넙치 같은 흰 살 생선도 추천한다. 담백한 생선을 먹일 때는 멸치 등으로 육수에 풍미를 더하거나 코티지치즈 등을 넣으면 더 맛있어진다.

고등어 DHA, EPA가 풍부한 대표적인 등푸른생선으로, 혈액순환을 촉진하고 면역력을 좋게 유지해서 염증을 억제한다. 치유를 촉진하는 효과도 있다.

달걀 달걀노른자에는 비타민A가 들어 있어서 위 점막을 보호하고 면역력을 강화하며 감염증 예방을 돕는다. 세포를 생성하고 많은 효소를 활성화시키는 아연도 함유되어 있다. 비타민A와 비오틴이 풍부해서 피부의 건강을 유지한다. 필수 아미노산의 균형이 잘 잡힌 단백질원이다.

닭 간 닭 간은 비타민A를 효과적으로 섭취시킬 수 있고 점막을 보호하는 효과가 있다.

닭가슴살 비타민A가 풍부해 피부와 점막을 건강하게 유지하고, 면역력을 강화한다. 방광의 점막을 강화하고 감염증 예방을 돕는다. 세포 재생을 촉진하는 비타민B1도 풍부해 치유를 빠르게 돕는다. 지방이 적은 단백질원으로 다이어트에 좋다. 등푸른생선(말린 멸치나 고등어)이나 타우린이 풍부한 조개(바지락이나 재첩)로 만든 육수는 입맛을 돋우고 배뇨를 촉진하기 때문에 닭가슴살과 함께 먹이면 좋다.

닭고기 비타민A가 풍부해 눈에 좋고, 감염증도 예방한다. 메티오닌은 간에 지방이 쌓이는 것을 예방하고, 지질에 들어 있는 리놀레산은 콜레스테롤을 감소시킨다. 필수 아미노산의 균형이 잘 잡힌 양질의 단백질로, 닭 껍질을 제거하면 지방이 줄어든다. 식물성 단백질인 콩 제품과 함께 요리하면 신장 기능에도 좋다. 지방이 적은 살코기 부위를 사용할 때는 식물성 기름을 사용하면 좋다.

대구 DHA, EPA를 함유한 흰 살 생선으로 면역력을 유지하고 염증을 억제한다. 점막을 강화하는 비타민A도 들어 있다. 간 기능 재생을 위해 필요한 단백질원이다. 저지방 식품이라서 다이어트를 하는 개나 고령견에게 추천하는 식재료다.

돼지고기 몸에 활력을 더하는 비타민B군이 풍부한 단백질원이다. 세포 재생을 촉진하는 비타민B1과 비타민B2가 풍부하고 나이아신도 들어 있어 빠른 치유에 좋다. 다이어트 중인 개에게는 지방이 적은 부위를 주자.

바지락 타우린이 동맥경화를 예방하고 감칠맛을 내는 호박산이 혈중 콜레스테롤 증가를 억제한다.

소고기 뼈와 근육, 혈액 등을 만드는 주성분인 단백질이 풍부하다. 소의 단백질에는 지방을 연소시키는 L-카르니틴이 들어 있다. 비타민과 미네랄로는 알레르기를 완화하는 비타민B6, 성장을 돕는 비타민B2, 빈혈을 예방하고, 피부를 건강하게 유지하는 철도 함유한다.

연어 DHA, EPA는 면역력을 좋게 유지하면서 염증을 억제하고 감염증을 예방하는 효과가 있다. 혈액을 맑게 하고 혈액순환도 촉진한다. 강력한 항산화 효과가 있는 아스타잔틴을 함유한다. 오메가3 지방산은 혈액순환을 좋게 하고 병원체 감염 치료에 좋다. 비타민B2는 지질대사를 촉진한다. 생선을 잘 먹지 못하는 개는 오메가3 지방산이 함유된 참깨나 호두, 아마인유 등으로 대체해서 섭취시킬 수 있다.

요구르트 유제품은 흡수율이 좋은 칼슘 공급원이다. 소화 흡수가 잘되고 흡수율이 좋은 칼슘 공급원이다. 정신 안정은 물론 피부의 건강을 유지하는 비타민B2와 비오틴이 들어 있다.

유산균 유산균과 비피더스균은 염증을 억제하는 효과가 있다.

재첩 간 기능을 강화하는 타우린이 들어 있다.

정어리 거무스름한 살 부분에 타우린이 함유되어 있다. 타우린은 간 기능을 강화하고 배뇨를 촉진해서 소변량을 증가시킨다. 정어리 펩타이드가 신장 기능을 강화한다. DHA, EPA가 면역력을 좋게 유지하고 염증을 억제한다. 혈액을 맑게 하고 혈액순환도 촉진한다.

코티지치즈 수분이 풍부한 칼슘 공급원이다. 영양가는 높고 지방은 적다. 신경 기능을 조절하는 비타민B12도 함유되어 있다. 음식에 넣으면 풍미를 더해서 입맛을 돋운다.

파르메산치즈 식욕을 자극시키는 향을 가진 칼슘 공급원이다. 입맛을 돋울 때 넣으면 좋다.

채소, 해조류, 과일

감자 비타민C로 면역력을 강화한다. 녹말이 풍부해서 물에 비타민C가 잘 녹지 않는다. 가열해도 잘 파괴되지 않는다. 쌀밥 대신 사용해도 좋고, 비타민B1과 식이섬유가 풍부한 호박과 고구마도 추천한다. 감자와 고구마, 호박을 사용할 때는 쌀밥의 양을 줄이면 열량을 조절할 수 있다.

고구마 비타민B6가 간에 지방이 축적되는 것을 억제해서 지방간을 예방한다. 식이섬유로 노폐물을 체외로 배출한다. 녹말이 풍부해서 물에 비타민C가 잘 녹지 않는다. 비타민C를 효과적으로 섭취시킬 수 있어 면역력 강화에 좋다. 단맛이 있어서 개들이 좋아한다.

과일 면역력을 강화하는 비타민C가 풍부하다.

꼬투리 강낭콩 단백질과 탄수화물, 면역 기능을 돕는 비타민C, 칼슘, 철을 함유한다. 항균 해독 작용이 있다.

나도팽나무버섯 베타글루칸과 단백질 흡수를 돕는 뮤신이 들어 있다. 항암 효과가 있다.

다시마 체내의 대사를 활발하게 하는 아이오딘, 이뇨 작용을 하는 칼륨, 체내 노폐물을 배출하는 식이섬유(알긴산)가 들어 있다.

당근 일 년 내내 쉽게 사용할 수 있는 채소다. 혈당을 낮추는 작용을 하고, 암 예방에 효과적인 비타민B, 비타민C, 비타민D, 비타민E, 식이섬유가 전부 들어 있다. 녹황색 채소 중에서도 베타카로틴의 보물창고라 불릴 만큼 베타카로틴이 풍부해서 항산화 작용 및 면역 기능을 강화한다. 비타민C도 들어 있어서 피부의 건강 유지, 면역력 강화에 좋다. 방광의 점막을 강화해 유해물질의 침입을 방지하고, 체내에 결석이 잘 생기지 않게 한다. 위 점막도 강화한다. 이뇨 작용을 하는 칼륨도 풍부하며 감염증 예방에도 좋다.

마늘 황을 함유해 항균 효과가 있다. 스코르디닌과 게르마늄과 같은 항암 작용을 한다.

만가닥버섯(백만송이버섯) 베타글루칸이 면역력을 강화하고 식이섬유가 체내의 노폐물을 배출한다. 칼로리가 낮고 변비 해소에 효과적이므로 섭취시켜야 할 식품이다.

명주다시마 수분을 듬뿍 넣은 밥을 만들 때 사용하면 좋은 식품이며 육수에 맛을 더한다. 체내의 대사를 활발하게 하는 아이오딘, 장을 깨끗이 하는 식이섬유(알긴산)가 들어 있다.

목이버섯 아이오딘이 온몸의 기초대사를 촉진한다. 식이섬유가 풍부해서 정장 작용을 한다. 소화가 잘되지 않으므로 잘게 썰어서 사용한다.

무 매운맛 성분인 알릴화합물과 소화 효소인 옥시데이스가 발암 물질을 억제한다. 비타민C가 면역력을 강화한다. 소화 효소인 아밀레이스로 소화를 돕는다. 단, 아밀레이스는 열에 약한 성분이므로 무를 잘게 썰거나 갈아서 음식 위에 생으로 올려서 먹인다. 식이섬유가 풍부해 체내 노폐물을 배출한다.

미역 수용성 식이섬유이자 칼슘이나 철 등의 미네랄 공급원이다. 아이오딘도 함유해 피부 건강에 좋다. 해조류는 혈액을 알칼리성으로 바꾸고 정화하는 효과가 있다. 미역귀를 사용하면 쫄깃한 식감을 즐길 수 있다.

배추 비타민C로 면역력을 강화하고 방광의 점막을 보호한다. 주성분이 수분이므로 이뇨 작용도 기대할 수 있다. 배추의 영양 성분은 양배추와 비슷해서 계절에 따라 바꿔서 사용해도 좋다. 양배추보다 칼로리가 낮아서 다이어트에 추천하는 채소다.

브로콜리 비타민C와 베타카로틴이 풍부한 녹황색 채소다. 비타민C는 면역력을 강화하고 눈에 좋아서 백내장 초기 증상일 때 자주 먹일 것을 추천한다. 베타카로틴은 활성산소 발생을 억제하고, 점막을 보호한다. 항암 작용을 하는 설포라판도 함유되어 있다. 여름에는 피망(파프리카)을 추천한다. 유해물질 및 혈액 속의 독소를 체외로 배출하며 간 기능을 향상시킨다. 콜리플라워도 비타민C 함유량이 높다.

생강 대사를 활발하게 하고, 몸을 따뜻하게 한다. 매운맛은 식욕을 증진시키고, 쇼가올은 항균 작용을 한다. 해독 작용도 한다.

소송채 비타민이 풍부하고 이뇨 작용을 하는 칼륨도 들어 있다. 비타민C와 비타민E에는 발암 물질 생성을 억제하는 효과가 있어 암을 촉진하는 물질의 효력을 약화시킨다. 베타카로틴으로 치주질환을 예방하고, 피부의 건강을 유지하며 세균 감염을 예방한다. 점막을 강화하고 면역력도 높인다. 시금치, 청경채, 쑥갓, 유채 등 계절에 따라서 바꿀 수 있다.

시금치 베타카로틴, 비타민B군, 비타민C, 비타민Q 등 여러 비타민을 함유해 활력소가 된다. 베타카로틴은 활성산소를 제거하고, 비타민C는 눈의 건강을 유지한다. 엽산도 함유한다.

아스파라거스 베타카로틴, 비타민C, 위 점막을 보호하는 비타민U를 함유한다. 세포를 생성하는 엽산, 피부의 염증을 억제하는 글루타티온도 들어 있다. 아스파라긴산은 자양강장 효과가 있다.

양배추 식이섬유가 노폐물을 체외로 배출한다. 위를 보호하는 비타민U와 비타민C가 풍부해 면역력 강화에 좋다. 비타민C는 진녹색 잎사귀 부분에 풍부하다. 잘게 썰고 나서 너무 오랫동안 물에 담가놓지 않는 것이 좋다.

연근 면역력을 강화하는 비타민C가 녹말로 둘러싸여 있어 물에 비타민C가 잘 녹지 않는다. 노폐물을 배출하는 식이섬유와 위 점막을 보호하는 뮤신이 들어 있다. 피부의 건강을 유지하는 영양소인 아연이나 비타민B6도 들어 있다.

오이 이뇨 작용 및 노폐물 배출 효과가 있는 이소퀘르시트린이라는 성분을 함유한다.

오크라 베타카로틴과 비타민C를 함유하며 면역력을 강화하고, 피부의 건강을 유지한다. 식이섬유가 체내의 노폐물을 배출한다.

우엉 식이섬유가 풍부해서 정장 작용을 활발하게 하고 체외로 노폐물을 배출한다. 식이섬유 중에서도 리그닌이라는 성분이 해독 작용을 한다. 구내염에는 우엉의 잎사귀와 뿌리를 달인 물로 양치를 해주면 좋다고 한다. 위가 건강해야 입안도 건강해진다.

잎새버섯 베타글루칸이 면역력을 강화하고 식이섬유가 장을 깨끗하게 한다. 식이섬유가 노폐물을 체외로 배출한다. 칼로리가 낮고 변비 해소에 효과적이다. 잎새버섯의 D-프랙션은 항종양 효과가 있다.

청경채 베타카로틴과 비타민C를 함유해서 면역력을 강화하고 위 점막을 보호한다.

청소엽 베타카로틴 등 비타민과 미네랄이 풍부하고 살균 작용 및 식욕 증진 효과도 있다.

콩 미네랄을 함유한 식물성 단백질원이다. 감염증을 예방하는 비타민E가 풍부하다.

콩나물 주성분이 수분이라서 배설을 촉진한다.

큰실말 암세포의 아포토시스(세포 자살)를 유도하고 신생혈관 생성을 억제한다. 면역 세포를 활성화한다.

토란 녹말이 주성분이다. 미끈미끈한 성분인 뮤신은 단백질의 소화를 돕는다. 해독 효소이기도 해서 간 기능 강화에도 좋다. 또 면역력도 높인다.

토마토 리코펜과 베타카로틴을 함유해서 염증을 억제한다. 리코펜은 강력한 항산화 작용을 하며 활성산소 발생을 억제한다. 비타민C는 콜라겐을 생성해서 뼈와 근육을 강화한다. 칼륨은 이뇨를 촉진한다.

톳 식이섬유가 노폐물을 체외로 배출한다. 마그네슘이나 아연처럼 소모되기 쉬운 미네랄이 풍부하다. 면역력 강화를 위해 버섯과 함께 섭취시키면 훨씬 효과적이다.

팽이버섯 식이섬유가 노폐물을 체외로 배출한다.

표고버섯 버섯에 함유된 베타글루칸으로 면역력을 활성화한다. 피부와 점막을 건강하게 유지하는 비타민B2도 함유되어 있다. 노폐물을 배출하는 식이섬유도 풍부하다. 칼로리가 낮고 변비 해소에 효과적이므로 다이어트할 때 꾸준히 섭취시켜야 할 식품이다. 생 표고버섯도 좋지만 햇빛에 말리면 비타민D가 많아진다. 보관성이나 영양 면에서 말린 표고버섯을 추천한다.

피망 비타민C로 면역력을 강화한다. 비타민P도 함유되어 있어서 열이나 산에 강하고, 비타민C를 효과적으로 섭취시킨다. 쓴맛을 싫어하는 개는 파프리카로 대체해서 먹이면 좋다.

호박 베타카로틴, 비타민C, 비타민E를 함유하며 활성산소를 제거하고 노화를 방지한다. 베타카로틴과 비타민C의 상호작용으로 발암 물질의 합성을 막는다. 베타카로틴은 피부 및 점막을 강화하고, 치주 질환을 예방하며 염증을 억제한다. 비타민C는 면역력을 높이고, 콜라겐을 생성해서 뼈와 근육을 강화한다. 비타민E는 항산화물질이라서 염증을 억제하고, 혈액을 정화한다. 글루타티온은 독소를 세포 밖으로 배출하고 피부의 염증을 완화한다. 이뇨 작용을 하는 칼륨과 유해물질을 체외로 배출하는 식이섬유도 풍부하다. 채소 중 옥수수와 연근처럼 당질이 풍부한 편이라서 추천하는 식재료다.

유지류, 풍미 외

가다랑어가루, 가다랑어포 가다랑어의 거무스름한 살 부분에 타우린이 들어 있다. 타우린은 간 기능을 강화하고, 배뇨를 촉진해서 소변량을 증가시킨다.

건강보조식품 멀티비타민, 미네랄 보조식품 등이 있다.

낫토 낫토균은 효소가 풍부하고 이뇨 작용을 한다. 비타민E는 동맥경화를 예방한다. 낫토의 뮤신에는 위벽을 보호하고 소화 흡수를 돕는 효과가 있다. 콩 제품은 세포 재생을 촉진하고 점막을 보호하는 비타민B2가 풍부하다. 소화도 잘되고 단백질원으로 좋다. 콜레스테롤 수치를 낮추는 리놀산과 체내에서 지질대사를 촉진하는 사포닌이 함유되어 있다. 다이어트에 추천하는 식품이다.

녹말가루 음식을 쉽게 먹을 수 있도록 걸쭉하게 만들어 위 점막을 보호해주자. 장이 건강하면 입도 건강해진다.

된장 이뇨 작용을 하는 사포닌, 이소플라본, 효소 등을 함유한 발효 식품이다.

두부 세포를 생성하는 아연과 항산화 작용으로 활성산소를 제거하는 비타민E를 함유한다. 비타민B6를 활성화시키는 비타민B2도 함유한다. 콩 제품 중에서도 소화가 가장 잘되며, 수분이 충분해 수제 음식에 활용하기 좋은 식품이다.

멸치 DHA, EPA가 풍부해 혈액을 맑게 하고 혈액순환을 촉진한다. 면역력을 좋게 유지할 뿐만 아니라 염증도 억제한다. 비타민B군도 풍부하다. 비타민B1은 당질과 지질의 대사를 돕기 때문에 다이어트를 시킬 때 자주 먹이면 좋다. 비타민B2는 피부와 점막을 건강하게 하고, 비타민B12는 엽산의 기능을 도우며 정상적인 세포를 생성하는 데 중요하다.

뱅어포 칼슘이 풍부하고, 칼슘의 흡수를 돕는 비타민D도 함유한다. 육수의 맛을 더하는 데 좋다.

벚꽃새우 알레르기 예방에 좋은 EPA와 강력한 항산화 효과가 있는 아스타잔틴을 함유한다.

비지 사포닌이 배설을 촉진하고 신장 기능을 돕는다. 간 기능 개선에도 효과가 있다. 식이섬유가 풍부해서 체내의 노폐물을 배출한다. 먹으면 오랜 시간 든든하다.

생강즙 중독을 예방하는 항균 작용이 있고 향 성분에는 식욕을 증진시키는 효과가 있다.

식물성 기름 활성산소를 제거하는 항산화물질인 비타민E를 함유한다. 염증을 억제하는 오메가3 지방산도 들어 있다.

쌀밥 쌀밥은 체력을 기르는 데 필요한 에너지원이다. 소화가 잘되도록 부드럽게 끓여서 수분을 듬뿍 채운다. 감자나 토란 등 녹말이 많은 채소나 콩류를 넣으면 열량이 높아지고, 현미나 잡곡쌀을 넣으면 식이섬유가 많아진다. 혈액 속에 남아 있는 지질을 배출하는 데 식이섬유가 좋다. 수수밥은 췌장 기능을 돕는다. 피부의 건강을 유지하는 비오틴이 함유된 현미를 부드럽게 끓이면 좋다. 비오틴은 달걀노른자에도 풍부하다.

울금(강황) 염증을 억제하고 간 기능을 강화한다.

정어리가루 정어리는 타우린을 함유한다. 타우린은 간 기능을 강화하고 배뇨를 촉진해서 소변량을 증가시킨다. DHA와 EPA, 비타민B군을 함유한다. DHA와 EPA는 염증을 억제하고 면역력을 강화하며 감염증을 예방한다. 비타민B1과 비타민B2는 당질과 지질의 대사를 촉진한다. 다이어트 시 정어리가루로 육수를 내면 좋다.

참기름 비타민E가 감염증에 대한 저항력을 높이고 항산화 작용을 해서 활성산소 발생을 억제한다. 오메가3 지방산이 함유되어 있어서 면역력을 유지하고 염증을 억제한다. 들기름이나 아마인유를 사용해도 되며, 개가 참기름 냄새를 싫어할 때는 볶지 않은 참기름(투명한 참기름)을 음식에 넣어주면 좋다.

참깨, 참깻가루 오메가3 지방산을 함유하며 염증을 억제하는 효과가 있다. 세사민, 세사미놀 등과 같은 참깨의 리그난 성분에는 강력한 항산화효과도 있다. 통깨는 소화되지 않고 체외로 배출되므로 참기름이나 참깨 페이스트, 참깻가루로 만들어 먹이면 좋다.

카놀라유 리놀렌산과 EPA의 기능을 돕는 에너지원을 함유한다.

콩가루 피부염을 예방하는 비오틴을 함유한 식물성 단백질원이다. 고명으로 사용하기 편하다.

파슬리 베타카로틴과 비타민B1을 함유한다. 혈압을 내리고 이뇨 작용을 도우며 관절염을 완화한다. 항균 효과도 있다.

현미밥 비타민과 미네랄이 풍부하며 식이섬유가 백미보다 많이 함유되어 있다. 체외로 노폐물을 배출하는 효과가 있다. 체력을 증진시키는 데 필요한 에너지원이다. 셀레늄은 활성산소를 분해해서 항산화 효과가 있다. 현미를 부드럽게 끓여서 사용하면 좋다.

끝마치며

사랑과 정성이 아픈 아이를 낫게 합니다

아버지가 뇌경색으로 쓰러진 일을 계기로 아버지를 위해 식이요법을 연구했습니다. 이후 사람과 마찬가지로 아픈 동물에게도 직접 만든 음식을 먹이면 건강을 되찾을 수 있다는 신념으로 동물 진료를 보고 있습니다. 사료 외에 수제 음식이라는 선택지가 있다는 것을 많은 반려인에게 알려주고 추천해왔지요. 수제 음식을 처음 권하던 무렵에는 영양 계산을 엄격하게 지도했지만, 매번 정확하게 영양을 계산해서 만들기 힘들다는 반려인이 많았습니다. 많은 분들이 제게는 비밀로 하고 '눈대중'으로 음식을 만들기도 했지요. 맞습니다. 수제 음식은 정확한 계산보다 꾸준히 정성 들여 기분 좋게 만들어주는 것이 중요합니다.

저를 도와준 여러 반려인 덕분에 많이 배웠습니다. 병이 계속 재발할 때는 음식이 아닌 생활환경에서 문제점을 찾아야 했습니다. 병에 따라서는 수제 음식으로 해결할 수 없는 병도 있었지요. 그 밖에도 '탄수화물을 먹이면 암에 걸린다' '육류를 번갈아 가며 먹여야 알레르기가 생기지 않는다' 등 여태껏 사실로 알았던 정보가 실제로는 잘못되었다는 점도 알 수 있었습니다. 많은 분에게 다양한 질문을 받아오면서 혼자서 일일이 대응해드리기 힘들어 고민하고 있었는데, 이 책으로 조금이나마 답을 드릴 수 있어 다행입니다.

더 많은 분들과 수제 음식에 관한 지식을 공유하고 개발하고 싶습니다. 또 지금까지 해왔듯이 반려인의 고민을 해결하는 '효과적인 선택지'를 개발하고 제안해서 정보의 질을 높여나가겠습니다. 여러분의 체험담이 큰 도움이 되었습니다. 앞으로도 많이 도와주시기 바랍니다. 마지막까지 읽어주셔서 감사합니다.

스사키 야스히코

아픈 강아지를 위한 증상별 요리책

피부병, 장염, 외이염, 구내염, 비만을 고치는 애견 치료식

1판 1쇄 펴낸 날 2018년 6월 27일
1판 4쇄 펴낸 날 2022년 3월 15일

지은이 | 스사키 야스히코
옮긴이 | 박재영

펴낸이 | 박윤태
펴낸곳 | 보누스
등 록 | 2001년 8월 17일 제313-2002-179호
주 소 | 서울시 마포구 동교로12안길 31 보누스 4층
전 화 | 02-333-3114
팩 스 | 02-3143-3254
이메일 | bonus@bonusbook.co.kr

ISBN 978-89-6494-341-0 03490

• 책값은 뒤표지에 있습니다.

Pet's Better Life

강아지 니트 손뜨개

애플민트 지음 | 정유진 옮김
128면 | 12,800원

강아지 육아 사전

샘 스톨 외 지음 | 폴 키플 외 그림
문은실 옮김 | 272면 | 13,800원

강아지가 좋아하는 모든 것

아덴 무어 지음 | 조윤경 옮김
192면 | 8,800원

개는 어떻게 말하는가

스탠리 코렌 지음 | 박영철 옮김
최재천 추천 | 392면 | 16,800원

셜리 박사의 강아지 화장실 훈련법

셜리 칼스톤 지음 | 편집부 옮김
144면 | 7,900원

애견 놀이훈련 101

카이라 선댄스 외 지음
김은지 옮김 | 208면 | 13,800원

애견 미용 베이직 교본

해피트리머 지음 | 김민정 옮김
156면 | 15,800원

우리 개 100배 똑똑하게 키우기

후지이 사토시 지음 | 최지용 옮김
240면 | 12,000원

우리 개 스트레스 없이 키우기

후지이 사토시 지음 | 이윤혜 옮김
208면 | 11,000원

고양이 맘 청소법

히가시 이즈미 지음 | 이윤혜 옮김
144면 | 10,000원

고양이 집사 사전

샘 스톨 외 지음 | 폴 키플 외 그림
박슬라 옮김 | 272면 | 13,800원

고양이가 좋아하는 모든 것

아덴 무어 지음 | 조윤경 옮김
192면 | 8,800원

강아지를 위한 영양학

강아지 영양학 사전

애견의 질병 치료를 위한 음식과 영양소 해설

강아지 영양학 사전

스사키 야스히코 지음 | 박재영 옮김 | 240면 | 14,800원

식재료별 영양 정보와 영양소별 효능을 살펴본다!

- 반려견 건강 체크리스트 44
- 질병의 증상, 원인부터 홈케어 방법, 치료에 효과적인 식재료표까지
- 식재료별 영양 정보 및 영양소별 효능 수록!

아픈 강아지를 위한 증상별 요리책

피부병, 장염, 외이염, 구내염, 비만을 고치는 애견 치료식

아픈 강아지를 위한 증상별 요리책

스사키 야스히코 지음 | 박재영 옮김 | 240면 | 14,800원

음식으로 만성질환과 생활습관병을 물리친다!

- 증상 완화와 질병 치료에 효과적인 영양소 BEST 5
- 생애주기별 및 증상별 맞춤 치료 레시피 112
- 실제 반려인이 만든 치료식 레시피 수록!